《银川平原地下水环境演化与生态环境保护》编委会

主　编

李　英　黄小琴

编　委

张　勃　李　阳　徐兆祥　王成文

孟旭晨　孙玉芳　韩强强　吴　平

张一冰　朱　薇

银川平原地下水环境演化与生态环境保护

李 英 黄小琴 / 主编

黄河出版传媒集团
阳光出版社

图书在版编目（CIP）数据

银川平原地下水环境演化与生态环境保护 / 李英，
黄小琴主编. -- 银川：阳光出版社，2021.1
　　ISBN 978-7-5525-5740-4

Ⅰ. ①银… Ⅱ. ①李… ②黄… Ⅲ. ①平原－地下水
－水环境－环境演化－研究－银川②平原－地下水－生态
环境－环境保护－研究－银川 Ⅳ. ①P641.8

中国版本图书馆CIP数据核字（2021）第023078号

银川平原地下水环境演化与生态环境保护　　　　李　英　黄小琴　主编

责任编辑　胡　鹏　赵维娟
封面设计　晨　皓
责任印制　岳建宁

黄河出版传媒集团
阳　光　出　版　社　出版发行

出　版　人　薛文斌
地　　　址　宁夏银川市北京东路139号出版大厦 （750001）
网　　　址　http：//www.ygchbs.com
网上书店　http：//shop129132959.taobao.com
电子信箱　yangguangchubanshe@163.com
邮购电话　0951-5014139
经　　　销　全国新华书店
印刷装订　宁夏凤鸣彩印广告有限公司
印刷委托书号　（宁）0020119

开　　本　880mm×1230mm　1/32
印　　张　5.5
字　　数　150千字
版　　次　2021年1月第1版
印　　次　2021年1月第1次印刷
书　　号　ISBN 978-7-5525-5740-4
定　　价　129.00元

内容简介

本书是研究和探索银川平原地下水环境演化及生态环境保护的一部专著，是编者对所承担的宁夏财政厅资助项目"沿黄生态经济带地下水资源开发利用与生态环境保护效应调查评价"、宁夏自然科学基金项目（2018AAC03205、2020AAC03459）以及宁夏回族自治区第八批地勘基金项目第二标段（HZ20170040-Ⅱ）在这一领域开展的研究工作的总结。主要包括银川平原地下水的形成条件、水文地质特征、不同地区地下水循环特征、重点湖泊及黄河与地下水的关系、地下水合理开发建议及重点湖泊保护建议等，对保护地下水及地表生态环境具有一定意义。

全书共7个章节。第1章绪论部分由李英和黄小琴编写；第2章研究区概况由李阳、吴平和孙玉芳编写；第3章地下水补给来源、变化及成因分析由李英、孟旭晨、吴平编写；第4章银川平原不同地区地下水循环模式由李英、王成文、张勃、吴平编写；第5章地表水与地下水转化关系研究由黄小琴、徐兆祥、张一冰编写；第6章水资源开发与生态环境保护建议和第7章结论由李英和黄小琴编写。全书其他图件由朱薇和孟旭晨负责整理和编制。本书统稿工作由黄小琴和韩强强负责。

前　言

　　银川平原地处宁夏北部沿黄生态经济带，西北内陆黄河中上游地区，是宁夏经济社会发展的核心区域，属干旱半干旱地带，是我国生态安全战略屏障重要组成部分。地下水作为重要的供水水源、生态因子和环境因子，正确认识地下水循环规律，对于维持地下水及表生生态系统良性循环，促进银川平原地下水资源合理开发及可持续利用意义重大。本书在深入分析银川平原地质及水文地质条件的基础上，综合应用地下水循环理论、水文地球化学和环境同位素等技术方法，分析了银川平原地下水的补给来源，不同地区地下水补给和循环特征，研究了银川平原中部、北部和南部地下水循环模式，黄河和重点湖泊与地下水的关系等。本研究的主要成果如下：

　　山前洪积斜平原地下水主要来自山前侧向径流补给，补给速率约为 26.78 m/a；河湖积平原地下水主要以引黄灌溉入渗补给为主，近 20 年来，银川平原由于受渠系大幅衬砌、引黄水量大幅减少、种植结构调整及城镇建设等因素影响，地下水补给资源量明显减少，与 21 世纪初相比，地下水补给资源量减少约 6 亿 m^3。

　　银川平原中部银川市剖面：西部山前地下水以水平径流为主，水质优良，开采潜力较大，可作为城市后备水源，禁止堆放生产、生活垃圾等污染源。中部地下水以垂向径流为主，水质整体较好，地下水补给来源以山前侧向补给为主，地下水的保护需注意其对应山前补给区，且注意避免汇水区相交。东部径流滞缓，浅层地下水和深层地下水联系密切，水源地开采应以生态环境良性循环为约束。北部石嘴山剖面西部山前径流速度较快，水质较好，形成局部水循环系统，但水位持续下降，应调整开采方案；东部径流滞缓，地下水以垂向运动为主，且浅层和深层地下水水力联系较弱。南部吴忠—灵武剖面地下水以水平径流为主，水质优良，局部地区因地质原因地下水中Fe、Mn 元素含量偏高，浅层地下水和深层地下水联系密切，地下水的保护需要注重地表生态保护区及山前补给区的保护，地下水的开采需考虑到对表层生态的影响。

银川平原的湖泊湿地类型主要有饱和流—补给型（以阅海湖、鸣翠湖为代表）、饱和流—贯穿型（以清水湖为代表）两种。对于饱和流—补给型湿地，在湖泊周边由于与区域地下水流场叠加作用，在湖泊近岸区会形成一个低水头区，建议将该低水头区范围作为生态保护区范围；对于饱和流—贯穿型湿地，建议将湖水位波动条件下岸边地下水位的响应范围——水位波动影响带作为生态保护区范围。建议将阅海湖岸周围 1.0~1.5 km 范围作为生态区范围，面积 21.89 km^2。

本书在撰写过程中受到了"长安大学旱区地下水文与生态效应创新团队"和"宁夏水文地质环境地质勘察创新团队"的共同指导，由沿黄生态经济带地下水资源开发利用与生态环境保护效应调查评价（6400201901273）和宁夏自然科学基金（2020AAC03459）资助完成。

编者

2020 年 3 月

目　录

第1章 绪 论

　　宁夏位于黄土高原、蒙古高原和青藏高原的交会带，地处西北内陆、黄河中上游地区，属干旱半干旱地区，是我国生态安全战略屏障的重要组成部分。习近平总书记来宁视察时指出："宁夏作为西北地区重要的生态安全屏障，承担着维护西北乃至全国生态安全的重要使命"，并明确提出要建设天蓝、地绿、水美的美丽宁夏。由此可见，宁夏的生态区位十分重要。

　　银川平原作为宁夏沿黄经济带的重要组成部分，地处我国西部第二条南北综合运输通道与欧亚大陆桥复线两大交通走廊交会点，是华北、东北连接青藏高原的重要通道，是国务院确定的18个国家级重点开发区之一，是新一轮西部大开发战略的重点区域。2017年6月，在自治区召开的第十二次党代会中首次提出了"生态立区"战略，该战略部署了"打造沿黄生态经济带"的重要任务。会议强调，要"全力打造生态优先、绿色发展、产城融合、人水和谐的沿黄生态经济带"，"严格落实空间规划，科学布局沿黄地区生产、生活、生态空间"，"严格控制开发强度、提高开发水平"，并要求"按照绿色循环低碳的要求，推动沿黄地区产能改造提升、园区整合发展、产业有序转移"。2019年

9月习总书记在黄河流域生态保护和高质量发展座谈会上提出着力加强生态保护治理、保障黄河长治久安、促进全流域高质量发展、改善人民群众生活、保护传承弘扬黄河文化，让黄河成为造福人民的幸福河。

银川平原位于黄河中上游，有着两千多年的黄河农耕灌溉历史，素有"塞上江南"的美誉，区域内农田生态系统、湿地生态系统、天然植被生态系统、城镇（聚落）生态系统等共同组成了银川平原这个绿洲系统。然而，银川平原生态环境脆弱，地表水与地下水转化频繁，地下水以排泄的方式补给黄河水，黄河水又以灌溉入渗的形式补给地下水。地下水作为水资源的重要组成部分，在维系绿洲和生态环境平衡，保障区域内水资源安全，支撑经济社会可持续发展方面，发挥着重要作用，是银川平原的重要战略资源。

本次研究工作立足银川平原干旱半干旱地区环境问题的特殊性、复杂性和多样性，从大气降水、地表水、地下水转化关系等方面入手，以整个银川平原为研究区，围绕人类活动影响下的地下水循环演化及生态保护等方面进行研究，以银川平原不同地区地下水循环转化模式、地下水与地表水的关系、水资源规划及生态环境保护为主要研究内容，结合研究区的水文地质概况，综合运用水文地质学、水文地球化学、同位素水文地质学、多元统计、GIS 等多种学科综合交叉研究方法和技术，在系统研究区域地下水循环模式和地表水与地下水关系的基础上，揭示其循环转化机理、影响因素，进而提出地下水合理规划方案及与地下水有关的湖泊湿地生态科学保护建议。为"生态立区"战略及黄河流域生态保护和高质量发展战略的实施提供依据，为实现自治区"经济繁荣、民族团结、环境优美、人民富裕，与全国同步建成全面小康社会"的宏伟目标奠定基础。

第2章　研究区概况

2.1　自然地理概况

2.1.1　地理位置

银川平原位于我国中北部、宁夏回族自治区北部，黄河中上游地区，西起贺兰山，东接鄂尔多斯台地，南至牛首山，北邻内蒙古自治区。地理坐标为东经 105°40′~106°58′，北纬 37°45′~39°30′，行政区划包括银川市的西夏区、金凤区、兴庆区、贺兰县、灵武市，石嘴山市的惠农区、大武口区、平罗县，吴忠市的利通区、青铜峡市。面积约 7800 km²。

研究区内交通便利，包兰铁路纵贯南北，东接京包铁路，西连兰新、兰青、陇海铁路，是宁夏交通运输大动脉，也是宁夏与外省区联系的纽带。公路四通八达，有国道 109、110、211、307，国道主干线 GZ25、GZ35，西部大通道（银川—武汉）等。另外，各市、县均有公路相通。此外，银川平原有民用机场一处。银川平原是宁夏经济发展的核心区域，具有重要的战略地位。

2.1.2　地形地貌

银川平原整体地形西南高，东北低。受新构造运动控制，研究区西部贺兰山呈持续抬升态势，山势巍峨雄伟，海拔 2000~3556 m，阻挡了腾格里沙漠的东移，削弱了西北寒流的侵袭，是银川平原的天然屏障。东部鄂尔多斯台地宽缓展布，海拔 1300~1600 m，台地前缘以陡坎形式与平原相接，地貌与平原明显不同。平原区地势平坦开阔，海拔 1090~1400 m，有近两千年的垦殖历史，地表沟渠纵横，农田密布，湖沼星罗棋布。地貌类型主要包括冲洪积台地、山前洪积斜平原、冲洪积平原、冲湖积平原、风积沙丘、三角洲冲洪积平原等（图2–1、图 2–2、图 2–3）。

图 2–1　山前洪积倾斜平原地貌

图 2–2　冲洪积平原地貌

图 2-3　河湖积平原地貌

2.1.3　气象

研究区属于大陆性干旱气候，冬长夏短，干旱少雨，日照充足，风大沙多，气温年、日差较大。通过对研究区内 3 个气象站点（银川市、贺兰县、永宁县）1951—2016 年间气象数据进行统计，平原区多年平均气温 7.14~11.51℃，近 10 年来，贺兰县、永宁县和银川市区气温差增大，且永宁县>银川市区>贺兰县（图 2-4a）。银川市区 2000年 7 月平均气温最高，为 25.75 ℃，1967 年 12 月平均气温最低，为-14.60℃，各气象站点多年平均气温均呈逐渐上升趋势，银川地区气温上升梯度为 0.04 ℃/a。

研究区降水量较小，且季节分配不均，降水多集中在 5—9 月，约占全年降雨量的 84%。银川市区 1961 年降水量达到极大值为 354.3 mm，2005 年降水量最小为 74.9 mm，多年平均降水量为 194.55 mm（图2-4b）。贺兰县、永宁县及银川市区降雨变化趋势基本一致。研究区蒸发量较大，多集中在 3—9 月，银川市多年平均蒸发量约 1546.35 mm，各地多年蒸发量有逐渐减小的趋势（图 2-4c、图 2-5）。

2.1.4　水文

研究区属于黄河流域，主要河流包括黄河干流及其支流苦水河。

黄河自南部青铜峡流入，至石嘴山市头道坎北麻黄沟流出，流程

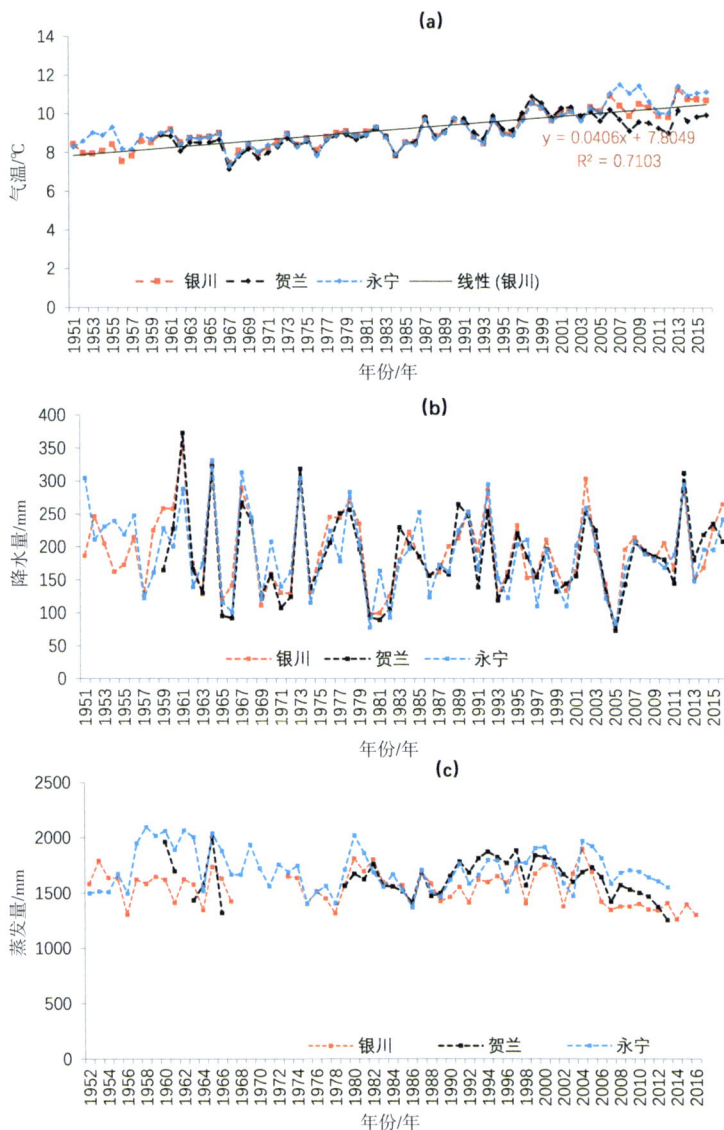

图 2-4 工作区气象站多年气象要素曲线（a 气温，b 降雨，c 蒸发）

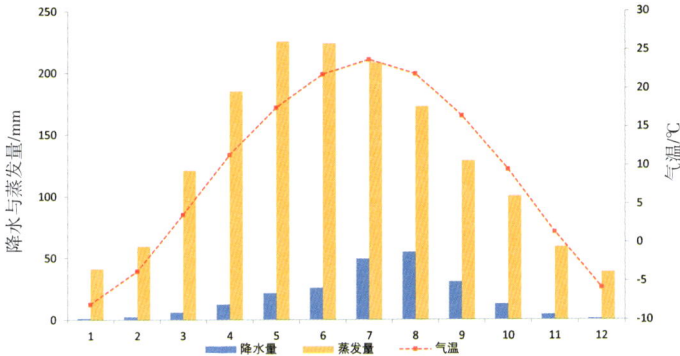

图 2-5　银川气象站多年月平均气象要素变化（1951—2016 年）

193 km，是银川平原主要的灌溉水源。

苦水河发源于甘肃环县，由五里坡流入平原至新华桥入黄河，平原内长约 33 km，其特点是径流小、水质差，年径流量仅 0.26 亿 m³。

银川平原是有名的黄河灌区，引黄干渠自西向东有西干渠、唐徕渠、汉延渠、惠农渠及其支渠等。配套排灌干支斗渠千余条，长数千公里，排水沟自南向北主要有：第一排水沟、中干沟、永二干沟、银东干沟、第二排水沟、银新干沟、第四排水沟等及其支沟。此外，在永宁县闽宁镇、黄羊滩、玉泉营以及月牙湖等地还有扬水工程，整体形成灌有渠、排有沟的完整的灌排水体系，保证了农田灌溉。

此外，研究区地处贺兰山东麓，山前地形坡度大，山洪沟发育，雨洪水在山区汇聚，顺着山洪沟流入平原，形成季节性河流（时令河），少部分流入渠系，大部分在洪积扇散失下渗后补给地下水，成为研究区地下水的重要补给来源之一。

2.2　地下水含水系统及特征

银川平原为新生代断陷盆地，在基底构造的控制下，第四纪以来一直处于沉降状态，堆积了巨厚的松散堆积物，为地下水的储存和运移提供了空间，构成了规模宏大的"地下水库"。结合钻孔资料、EH4物探资料及重力资料推断出银川平原第四系厚度图（图2-6），从图中可以看出银川平原第四系厚度整体呈现中间厚四周薄的特征，黄羊滩—惠农一线北北东向条带位置显示为银川平原第四系厚度极值区，该凹陷区最大厚度达1600 m。惠农地区第四系厚度在100~300 m之间；平原区东侧第四系厚度在0~300 m之间，陶乐地区第四系厚度100 m左右；银川地区第四系厚度在1000 m左右；青铜峡地区（黄河冲积扇）第四系厚度在400~500 m之间。但目前只对地表以下300 m深度以内的含水层空间进行了较为详细的勘探，因此本次工作主要研究地表以下300 m深度以内，人类活动较强烈的深度范围。

根据地下水的赋存条件，银川平原地下水可分为松散岩类孔隙水、碎屑岩类裂隙孔隙水、碳酸盐岩类裂隙溶洞水和基岩裂隙水，后三类只在平原区周边零星分布，因此本研究以第四系松散岩类孔隙水为主。

结合银川平原已有钻孔岩性资料及深部物探解译成果，建立了银川平原第四系岩性结构模型（图2-7）。从岩性结构可以看出银川平原第四系具有中间厚，向东西两侧减薄的特点。整体上为由砾石、砂、和砂黏土、黏砂土构成的西粗东细、南粗北细的地质体。

2.2.1　含水层结构及其特征

通过对研究区地质条件、地貌特征、水文地质条件及钻孔资料进行综合分析，可将银川平原第四系松散岩类孔隙水划分为两大类：单一潜水区和多层结构区（图2-8）。

单一潜水区主要分布于银川平原南部的黄河峡口、西部的贺兰山东麓山前平原，东北部的黄河漫滩及北部的石嘴山盆地，岩性以粗砂为

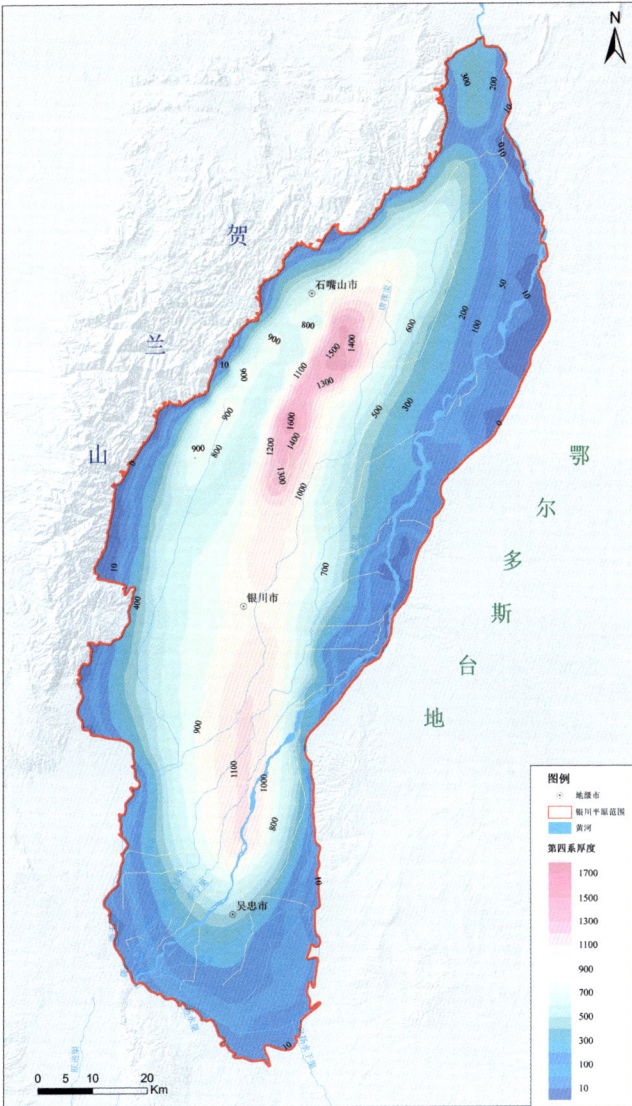

图 2-6　推断银川平原第四系厚度

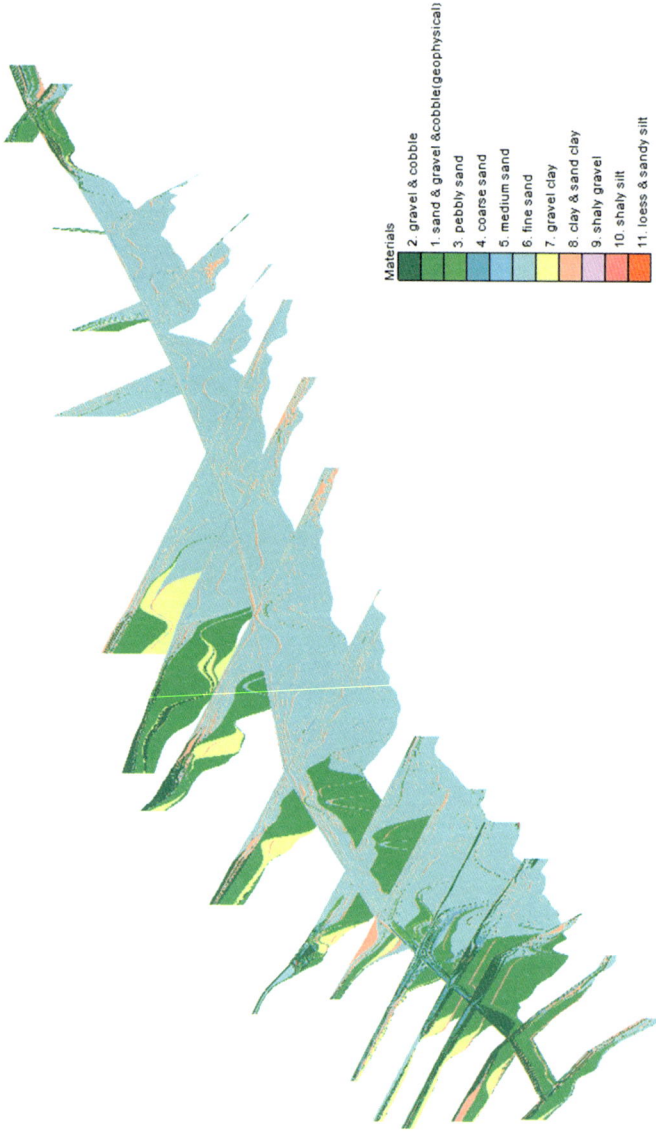

Materials

2. gravel & cobble
1. sand & gravel &cobble(geophysical)
3. pebbly sand
4. coarse sand
5. medium sand
6. fine sand
7. gravel clay
8. clay & sand clay
9. shaly gravel
10. shaly silt
11. loess & sandy silt

图 2-7　银川平原第四系岩性结构模型示意图

图 2-8　银川平原含水层结构分区

主，黏性土多以透镜状分布，上下水力联系较好，构成单层水文地质结构。

多层结构区分布于广大河湖积平原和冲洪积平原，地层中砂层和黏性土层相间分布，含水层之间隔水层分布连续，构成多层水文地质结构。根据以往水文地质工作基础，300 m 深度范围内，多层结构区自上而下可划分为三个含水岩组：潜水、第一承压水和第二承压水。其中，潜水含水层底板埋深约 70 m，地下水循环交替较积极，存在于该含水岩组的地下水开发利用意义不大，但对于生态环境保护起到至关重要的作用；70~170 m 的含水层划分为第一承压水，地下水循环能力较强；170~270 m 的含水层划分为第二承压水，地下水循环缓慢，各承压含水层之间隔水层不稳定，连续性差。第一承压水和第二承压水是银川平原各市、县城市生活用水和工业用水主要开采目的层。

2.2.2　地下水补径排特征

（1）地下水的补给

银川平原为一相对独立的地堑式构造盆地，构造特征决定了其径流特征。平原四周的中低山和丘陵区为地下水的补给区，山前一带为地下水的径流区，冲湖积平原为地下水汇集排泄区。黄河自南向北穿越整个研究区，使研究区内地下水与黄河不断发生着密切的水力联系，从而形成了以黄河为主导的河流—盆地水循环系统。其间，地下水主要接受渠水和农田灌溉水入渗补给，占总补给量的 80% 以上；其次，为降水入渗补给，约占总补给量的 11%；此外，还接受来自贺兰山前及东部鄂尔多斯台地前缘地下水的侧向径流补给及洪水散失补给，约占地下水总补给量的 4.5%（图 2-9）。

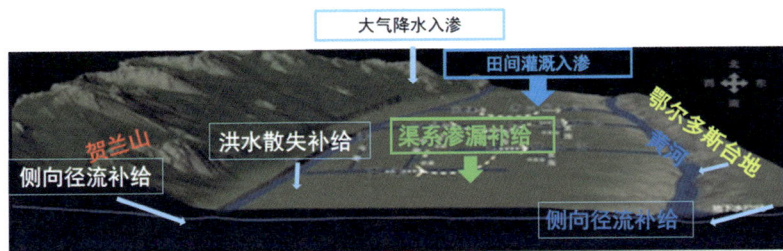

图 2-9 银川平原地下水补给来源示意图

(2) 地下水的径流

潜水在径流过程中，主要受地形条件、地层岩性、地表水系、沟渠等各种自然和人为因素共同影响。根据地下水统测数据绘制了银川平原潜水等水位线图（图 2-10），从图中可以看出，潜水径流方向与地形基本一致，总体上由西南向东北方向径流，但不同地区，径流条件各不相同。在平原西部及南部山前，地下水径流条件好，水力坡度大；在平原区南部，银川以南地区，地下水明显向黄河排泄。平原区的中部，地下水径流条件明显变差，水力坡度大幅减小，平原北部石嘴山靠黄河一带，地下水径流条件最差，水力坡度小。部分地区由于受地下水集中开采影响，形成局部地下水降落漏斗。

第二承压水的控制点较少，且与第一承压水的联系相对密切，因此只对第一承压水径流特征进行描述。根据统测数据绘制了第一承压水等水压线图（图 2-11），可以看出，承压水的径流特征与潜水总体上保持一致，但在银川市区、大武口地区由于集中开采地下水，形成了多个地下水降落漏斗，改变了局部地下水的径流方向。

(3) 地下水的排泄

研究区地下水的排泄方式主要包括排水沟排泄、人工开采、蒸发排泄以及向黄河、湖泊等地表水体排泄。

图 2-10　潜水等水位线

图 2-11　承压水等水压线

2.2.3　地下水动态特征

在天然条件下地下水动力场主要受到地质地貌、气象与水文等因素的影响，银川平原人类活动影响强烈，地下水动力场的时空演化受人类活动的干扰比较大，这使得银川平原地下水动力场在不同地貌和水文地质条件下既有相似性，又有一定的差异性。本次对银川市、石嘴山市及吴忠市不同地区地下水特征分别进行描述。

2.2.3.1　平原中部（银川市）地下水动态特征

（1）潜水动态特征

对银川市多年来地下水水位动态监测数据进行分析，发现根据潜水动态变化情况，可将银川市划分为四个区，一个稳定区和三个水位下降区。

Ⅰ下降区，主要分布在南郊水源地、东郊水源地、宁化水源地和征沙水源地周围，Ⅰ区潜水水位下降的共同原因是由于开采承压水导致潜水越流向下补给，引起潜水水位下降。宁化和征沙水源地周边水位下降在 1~2 m 之间，南郊水源地周围由于城市开发降水，水位降幅超过 3 m，东郊水源地周围由于开采潜水灌溉蔬菜大棚，水位降幅在 2~3.4 m 之间。

Ⅱ下降区，主要位于贺兰水源地东部，包括贺兰县城西南和金凤区及兴庆区城区北部的部分区域，该区域水位下降原因主要是开采潜水灌溉和开采潜水进行景观绿化。贺兰县立岗镇附近供港蔬菜基地开采潜水进行灌溉，而金凤区和兴庆区部分区域开采潜水进行景观绿化，该区域潜水降幅在 1~2 m 之间。

Ⅲ下降区，主要位于贺兰山东麓山前洪积斜平原，镇北堡—闽宁镇一线，该区域潜水水位下降原因是镇北堡水源地和闽宁镇水源地开采用于城乡居民用水和大量散井开采用于葡萄长廊葡萄园灌溉，由于该区域位于山前洪积扇，补给量极大，虽然大量开采，但该区域潜水降幅仅在 1~2 m 之间。

　　各区域水位动态如图 2-12、图 2-13、图 2-14 所示。银川市以上三个区域以外地区，多年来潜水水位保持相对稳定状态。

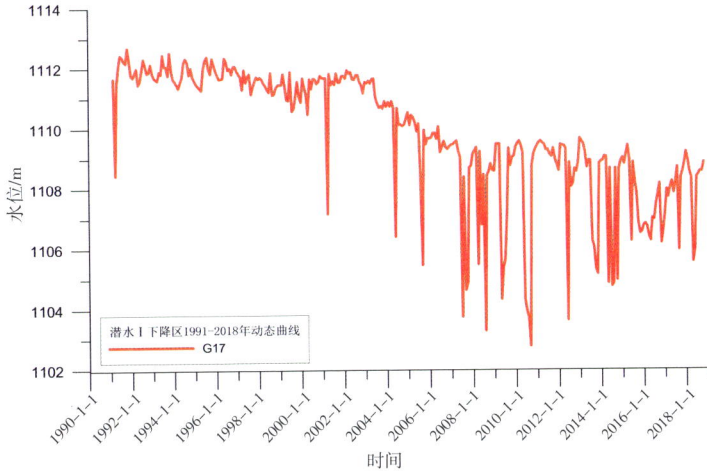

图 2-12　潜水（Ⅰ下降区）多年水位动态曲线

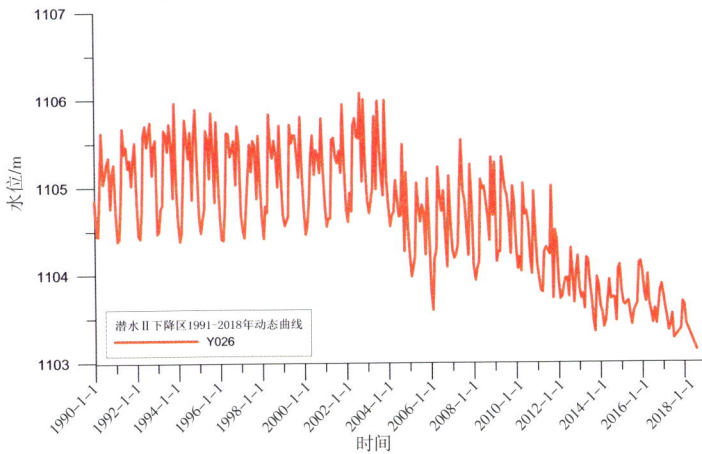

图 2-13　潜水（Ⅱ下降区）多年水位动态曲线

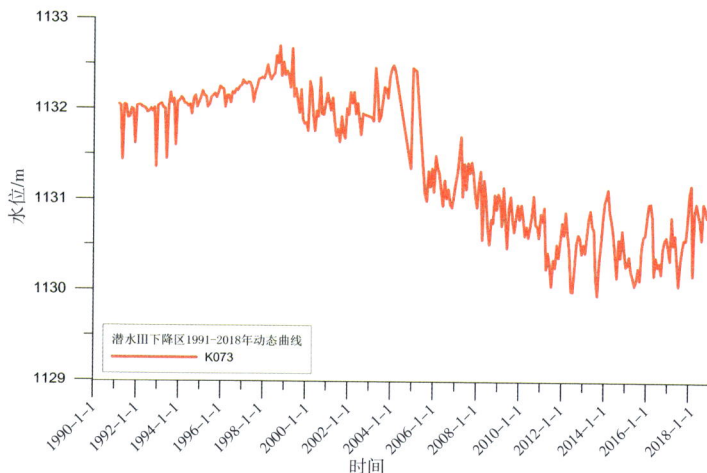

图 2-14   潜水（III下降区）1991-2018 年动态曲线

（2）承压水动态特征

承压水动态变化主要受人工开采的影响。银川市主要开采第一承压水，部分水源地和企业自备井开采第二承压水。

根据银川市承压水动态观测孔 1991—2018 年的水位动态数据，可将银川市承压水动态类型大致分为 4 个区域：I 区域，水位上升≥1 m 的区域；II 区域，水位降深≥4 m 的区域；III 区域，水位降深在1~4 m 之间的区域；IV区域，水位变幅<1 m 基本保持稳定的区域。

I 区域位于西夏区，西至西绕城高速，东至兴洲街，南至南绕城高速，北至贺兰山路，水位升高中心点位于宁夏大学，1991—2018 年平均水位升高了 21.274 m（图 2-15）；I 区域内升高的监测孔承压水水位标高均低于同高程区域正常水位标高，推测在 1991 年前由于该区域有大量的工矿企业，开采井较多，承压水已经严重超采，对该区域进行调查发现该区域内的西北轴承厂等开采井均已陆续停采，由于开采量减少而逐渐回升。

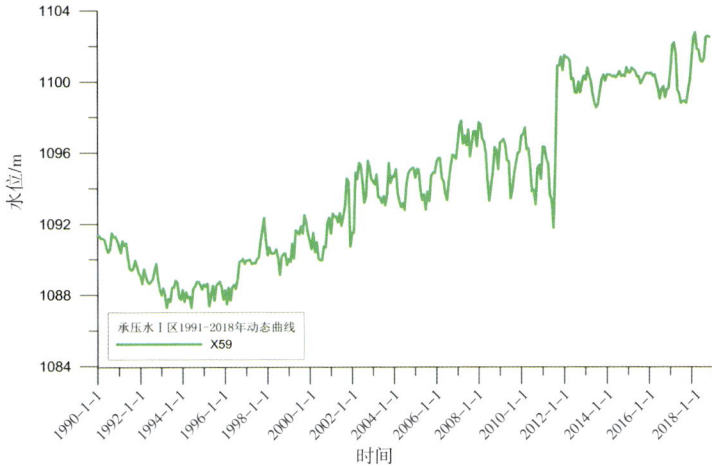

图 2-15　承压水 I 区典型监测孔多年水位动态曲线

II 区域主要包括北部镇北堡与北郊水源地周围（阅海湖东侧贺兰县习岗镇区域）以及南部南郊水源地周围（东侧大新乡区域），监测孔水位降幅最大的分别位于大新乡、镇北堡、北郊水源地和西湖农场八队，降深均超过了 10 m（图 2-16）。II 区域降深较大的原因主要是北郊水源地和南郊水源地的开采和部分地区承压水的持续超采，同时北郊水源地区域上部潜水含水层补给承压水能力较弱，南郊水源地与东郊水源地相比，大部分位于城区，田间灌溉补给量较小，也导致南郊水源地降深较大。

III 区域主要包括金凤区与兴庆区城区以及贺兰县立岗以南至掌政的区域（包括东郊水源地在内），该区域承压水开采除东郊水源地用于城乡居民生活用水外，其余地区承压水开采情况和潜水类似，开采目的主要是用于灌溉和景观绿化，该区域开采量小于 II 区域，同时由于 III 区域大部分地区位于引黄灌区，上部潜水层对承压水层补给能力较强，因此承压水降深主要在 1~4 m 之间（图 2-17）。

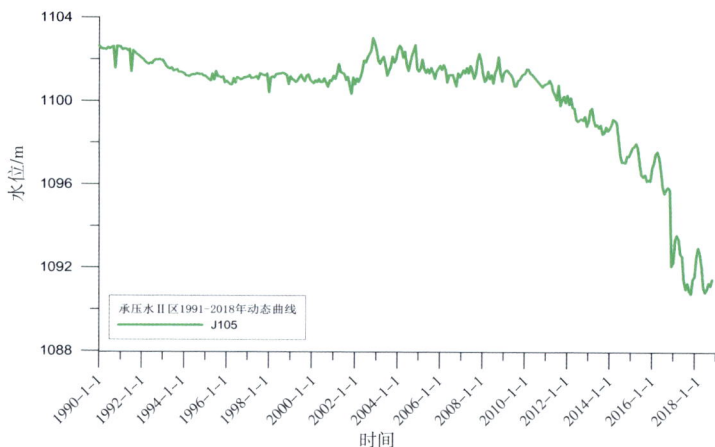

图 2-16　承压水 II 区监测孔多年水位动态曲线

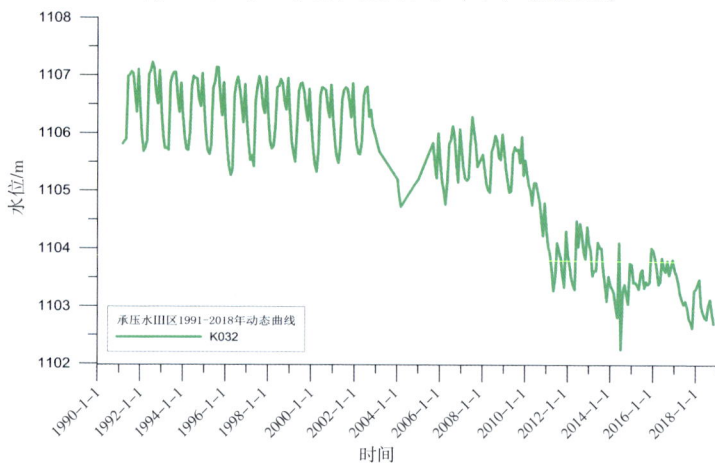

图 2-17　承压水 III 区 1991-2018 年动态曲线

Ⅳ区域主要位于立岗—掌政与黄河之间区域，承压水位 1991 年与 2018 年相比年平均水位升降幅度<1 m，基本保持稳定（图 2-18）。

2.2.3.2　平原北部（石嘴山市）地下水动态特征

根据收集到的地下水多年长观动态资料，得到石嘴山市西部地下

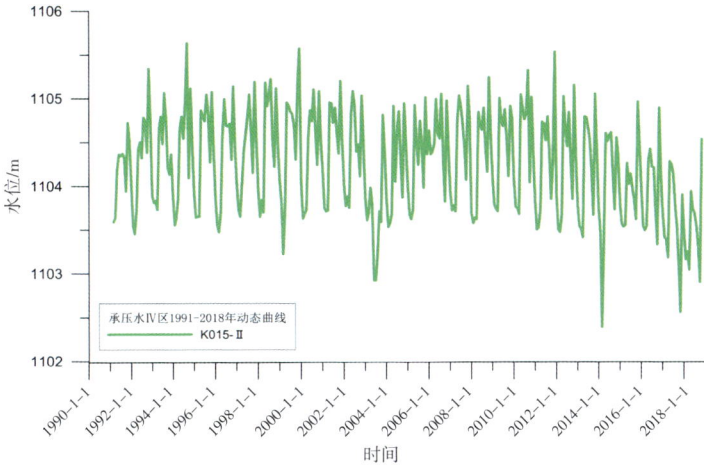

图 2-18　承压水Ⅳ区监测孔多年水位动态曲线

水动态变化情况，石嘴山市大武口区及惠农区西南部地下水水位变化
幅度较大。星海湖以西的石嘴山城区以及靠近山前单一潜水区，地下
水呈逐年振荡下降趋势，30 年来最高和最低水位差大于 8 m，分析其
主要受人工开采影响，水位平均下降约 5 m。星海湖北部大武口城区
中北部，地下水位整体受人工开采影响较小，地下水位动态变幅在
2~4 m，分析其主要受灌溉及降水影响。大武口区东北部地区地下水
动态变幅也较大，最高和最低水位差均大于 4 m，分析其动态变化曲
线发现其主要受人工开采影响，地下水位急剧下降，但地下水停采
后，水位可迅速恢复，表明此区地下水补给能力较强，总体地下水位
变化趋势稳定且呈略微上升状态。星海湖南部地下水位总体呈下降趋
势，局部地区观测孔水位下降幅度大于 6 m。

　　惠农区高庙湖东部地区地下水位基本处于稳定状态，地下水位动
态变幅在 1 m 以内，大武口区、惠农区及平罗县交界一带，地下水位
呈略微下降趋势，水位变幅在 0.5~2 m 之间。

为进一步查明石嘴山市东部大部分河湖积平原区地下水位动态变化特征，根据 2004 年和 2019 年地下水位统测数据，发现 2004 年平原区枯水期黄河以西地区水位埋深多在 2~3 m，局部地区 3~10 m，黄河两岸地下水位埋深多在 1~2 m；丰水期水位明显抬升，地下水位埋深绝大部分在 0~2 m，局部地区埋深在 2~3 m。2019 年平原区黄河以西地区地下水位埋深多在 1~3 m，局部地区小于 1 m，丰水期水位多在 0~2 m，局部地区埋深在 2~3 m。和 2004 年相比，平罗县地下水位变化较小，处于相对稳定的状态。

2.2.3.3　平原南部地下水动态特征

为进一步查明银川平原银川市以南吴忠市和灵武市部分地区地下水位动态变化特征，根据 2004 年及 2019 年地下水位统测数据，发现 2004 年吴忠市黄河以西地区枯水期水位埋深以 3~10 m 和 2~3 m 为主，局部地区水位埋深>10 m；丰水期水位明显抬升，水位埋深以 1~3 m 为主，北部局部地区<1 m。吴忠市黄河以东地区枯水期水位埋深靠近黄河地区由于地下水开采，水位埋深>10 m，东南部大部分地区地下水位埋深以 3~10 m 为主，局部地区埋深<1 m；丰水期水位明显提升，局部地区水位埋深>3 m，大部分地区水位埋深<1 m，和灵武市相接一带水位埋深略增，以 1~3 m 为主。灵武市东部靠近山前一带丰枯期水位埋深变化不大，均>10 m；其余大部分地区枯水期水位埋深以 2~3 m 为主，丰水期水位明显抬升，大部分地区地下水位埋深<1 m。2019 年吴忠市黄河以西地区枯水期水位埋深与 2004 年相比有增大趋势，水位埋深仍以 3~10 m 和 2~3 m 为主，局部地区>10 m；丰水期水位略有抬升，北部及南部以 2~3 m 为主，中部以 3~10 m 为主，局部地区<2 m；与 2004 年相比丰水期水位明显下降，分析其原因为节水灌溉实施，使大部分地区地下水得不到有效补给，导致丰枯期水位相差不大。吴忠市黄河

以东地区数据量相对较小，北部丰水期水位有明显抬升，中部丰水期水位有下降趋势，南部与枯水期相比水位明显抬升。灵武市枯水期水位埋深以 3~10 m 为主，丰水期水位略抬升，埋深以 2~3 m 为主。

2.3 地下水化学特征

2.3.1 区域地下水化学特征

研究区地下水化学特征受地质地貌条件、地下水动力场以及人类活动等因素共同影响，地下水在径流的过程中，不断与周围物质发生作用，水化学成分也在不断改变。总体来说，银川平原浅部和深部地下水化学特征具有相似的空间分布规律。在银川平原西部贺兰山前及南部青铜峡洪积扇扇缘，含水层以粗粒相的砂砾石、粗砂为主，地下水径流条件好，水质良好，水化学特征主要受溶滤作用影响，水化学类型以低矿化度的重碳酸型为主。平原中部大范围的河湖积平原区，地势平坦，地下水径流滞缓，含水层多以细粒相的细砂、粉砂及黏砂土为主，水化学特征主要受蒸发浓缩作用控制，形成水质较差的微咸水、咸水，水化学类型以高矿化的氯化物型和硫酸型为主。

水化学分析过程中，发现地下水中铁离子、锰离子及氟离子超标普遍存在，给居民的饮水安全带来了诸多风险，为进一步查明高铁、高锰及高氟地下水的分布特征及影响因素，选择银川平原及灵武市北部地区分别对高铁、高锰地下水及高氟地下水进行深入研究。

2.3.2 高 Fe、高 Mn 地下水

为进一步分析地下水 Fe、Mn 含量超标的原因，从区域的角度进行综合分析，选择整个银川平原，依据最新野外调查取样测试数据，运用地质统计学和多元统计方法，分析银川平原浅层地下水铁、锰元素空间相关性与变异性以及分布特征，并结合前人水文地质、水化学

研究成果，分析其形成原因与影响因素。

2.3.2.1 统计分析

统计结果显示，银川平原浅层地下水中 Fe 含量为 0.01~47.6 mg/L，平均值为 2.29 mg/L，远远超过地下水 Ⅲ 类水标准。从变异系数来看，浅层地下水中 Fe、Mn 的变异系数均大于 100%，反映出它们在浅层地下水中的含量变化较大，是随含水层介质、地形地貌及人类因素变化的敏感因子（表 2-1）。

表 2-1 银川平原浅层地下水 Fe、Mn 含量特征统计

元素	样点数(n)	最小值	最大值	均值	变异系数 CV(%)	Ⅲ类水标准(mg/L)
铁(Fe)	472	0.01	31.5	2.19	206.44	≤0.3
锰(Mn)	472	0.002	3.20	0.32	142.52	≤0.1

2.3.2.2 空间分布

浅层地下水 Fe 含量分布：仅在银川平原西部山前洪积斜平原和东南部的冲洪积台地、三角洲冲洪积平原地区，Fe 含量<0.2 mg/L，面积约 1906 km²，占全区总面积的 26.88%；大面积地区 Fe 含量>1.5 mg/L，广泛分布于银川平原南部的瞿靖—望洪镇一带，中部的金贵镇—洪广镇一带，北部的头闸—园艺一带的河湖积平原地区，面积约 2978.2 km²，占全区总面积的 42%，并以这些区域为中心向四周逐渐降低（图 2-19）。

浅层地下水 Mn 含量分布：与 Fe 含量分布相似，在西部贺兰山前洪积斜平原大面积地区和东南部三角洲冲洪积平原局部地区 Mn 含量<0.05 mg/L，面积约 1864.28 km²，占全区总面积的 26.3%；剩余在银川市中部、石嘴山市东部和青铜峡市西部大部分地区 Mn 含量在 0.3~1 mg/L，总面积约 2268.32 km²，占全区总面积的 32%；姚伏镇东南部及黄渠桥镇北部局部地区 Mn 含量>1 mg/L，总面积约 191.39 km²，占全区总面积的 2.7%（图 2-20）。

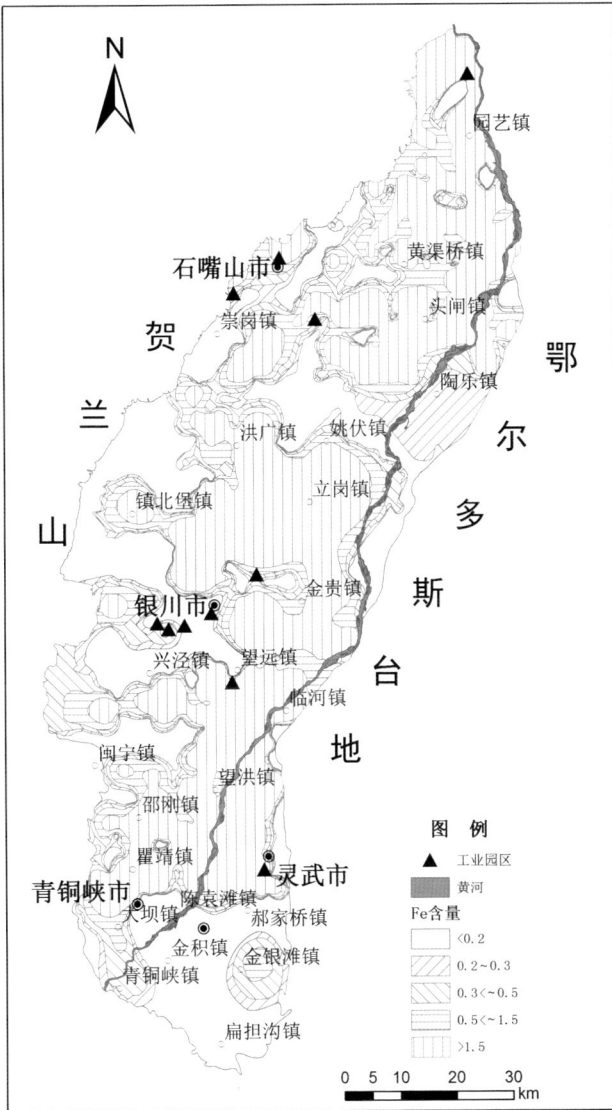

图 2-19 浅层地下水 Fe 含量空间分布特征

图 2-20　浅层地下水 Mn 含量空间分布特征

Fe、Mn 含量垂向分布见图 2-21、图 2-22。由图可知，Fe 含量>10mg/L 的地下水样品深度均小于 50 m，Mn 含量>1 mg/L 的地下水样品深度均小于 80 m。因此认为，高 Fe、高 Mn 地下水主要分布在河湖积平原上部。

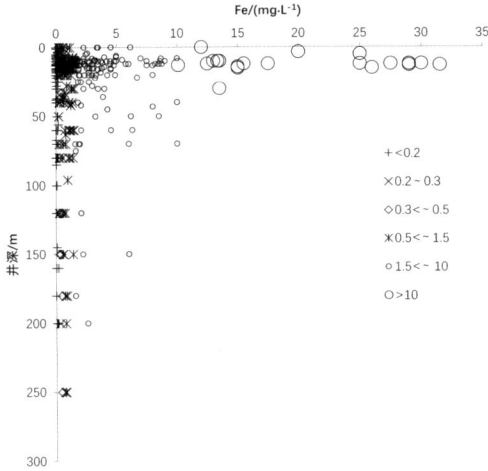

图 2-21　浅层地下水 Fe 含量垂向分布特征

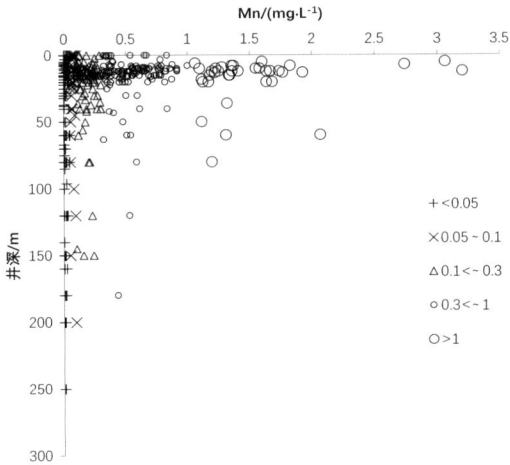

图 2-22　浅层地下水 Mn 含量垂向分布特征

2.3.2.3 成因分析

(1) 半方差模型分析

地统计学是空间变异研究中最常用的方法，变异函数作为地统计学分析中的主要内容，既能描述区域化变量的结构性，也能描述其随机性。本文采用 GS+软件计算出滞后距离（h）和半变异函数 r（h），根据决定系数最大，块金值和残差最小的原则，采用各种模型对散点图进行拟合，最终选择最优模型。

图 2-23、图 2-24 为浅层地下水中 Fe、Mn 的变异函数图。表 2-2 为 Fe、Mn 含量的半方差函数模型及所取的参数。其中参数块金方差/基台值 [$C_0/(C_0+C)$] 可用来反映变量的空间相关性程度（若比值<25%，表明变量为强烈的空间相关性，结构性因素占主导地位；比值在 25%~75%之间，则为中等空间相关性；比值>75%，表明空间相关性较弱，空间异质性主要由随机因素引起）。由图 2-23、图 2-24 和表 2-2 可知，Fe 含量的变异函数符合指数模型，Mn 含量变异函数符合球状模型；Fe、Mn 元素的块金方差/基台值 [$C_0/(C_0+C)$] 分别为 9.55% 和 49.89%，表明 Fe 含量具有强烈的空间相关性，即 Fe 含量空间异质性主要由地形、母质、土壤类型等结构性因素引起，而 Mn 含量为中等强度的空间相关性，表明空间异质性由结构性因素和随机因素共同作用导致；Fe 的块金值小于 Mn，表明 Fe 在变异分析过程中小间距内引起的随机变异较小，Mn 变程大于 Fe，说明 Mn 在较大的空间范围内具相关性，结构性因素对其有一定的影响。

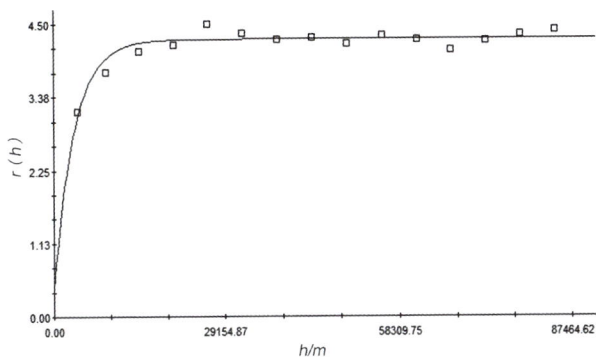

图 2-23　银川平原浅层地下水 Fe 变异函数图

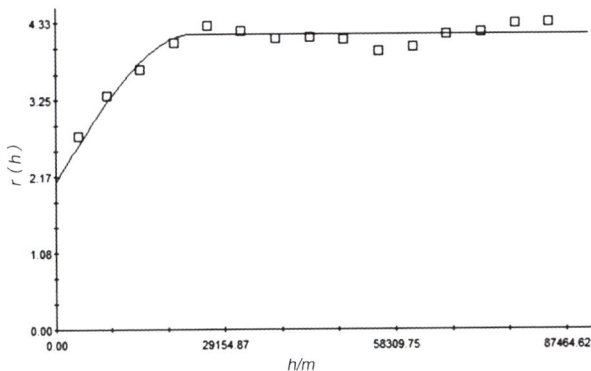

图 2-24　银川平原浅层地下水 Mn 变异函数图

表 2-2　银川平原浅层地下水 Fe、Mn 含量变异函数参数

元素	块金方差 C_0	基台值 C_0+C	块金方差/基台值 $C_0/(C_0+C)$	决定系数 R^2	残差 RSS	变程 a/m	模型
Fe	0.4	4.188	9.55%	0.874	0.196	3600	指数模型
Mn	2.08	4.169	49.89%	0.931	0.204	23700	球状模型

（2）相关性分析

表 2-3 为浅层地下水部分水化学参数的 Pearson 相关系数，从表中可以得出以下结论。①Fe 和 Mn 呈显著正相关，进一步说明在地质作

表 2-3　浅层地下水中不同元素相关性分析

	Fe	Mn	Cl⁻	SO_4^{2-}	HCO_3^-	总硬度	暂时硬度	永久硬度	总碱度	pH值	游离CO_2	TDS
Fe	1	0.408**	0.066	0.059	-.012	0.137**	0.232**	0.078	0.204**	-0.012	0.011	0.044
Mn		1	0.134**	0.129*	0.060	0.248**	0.411**	0.137**	0.354**	-0.016	0.056	0.142**
Cl⁻			1	0.935**	0.075	0.863**	0.107*	0.881**	0.097*	-0.009	0.006	0.804**
SO_4^{2-}				1	0.097*	0.896**	0.167**	0.899**	0.139**	-0.043	0.039	0.808**
HCO_3^-					1	0.075	0.157**	0.033	0.151**	-0.062	0.076	0.640**
总硬度						1	0.342**	0.954**	0.267**	0.001	0.020	0.729**
暂时硬度							1	0.092**	0.919**	-0.011	0.054	0.208**
永久硬度								1	0.035	0.010	0.004	0.712**
总碱度									1	-0.014	0.040	0.193**
pH值										1	-0.623**	-0.050
游离CO_2											1	0.060
TDS												1

** 表示在 0.01 水平上显著相关；* 表示在 0.05 水平上显著相关。

用的过程中，Fe 和 Mn 具有比较相似的迁移及富集规律。②TDS、Cl⁻、SO₄²⁻与 Fe 含量的相关性均不显著，说明"盐效应"对 Fe 含量的富集影响不大；Mn 含量与 TDS、Cl⁻、SO₄²⁻呈微弱的显著正相关，说明"盐效应"对 Mn 含量的富集有一定的影响。③pH 值与 Fe、Mn 均无明显的相关关系，说明酸碱条件并不是影响银川平原浅层地下水 Fe、Mn 含量的主要因素。④暂时硬度和总碱度与 Fe 和 Mn 呈较显著正相关，说明暂时硬度和总碱度是影响 Fe、Mn 含量的重要因素。

Gibbs 图可定性判断水体中各种离子的形成机制（蒸发浓缩、岩石风化和大气降水），从 Gibbs 图（图 2-25）可以看出，无论 Fe、Mn 含量高低，几乎所有样品均位于蒸发浓缩区域，因此认为，蒸发浓缩作用是银川平原浅层地下水化学组分形成的主要过程，但并不是影响 Fe、Mn 含量较高的主要原因。

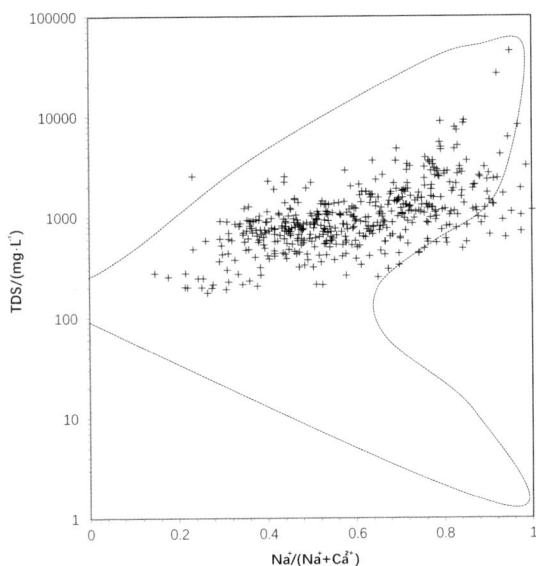

图 2-25　银川平原浅层地下水 Gibbs 图

(3) 其他因素

银川平原浅层地下水中 Fe、Mn 空间分布特征与沉积环境、地层岩性、引黄灌溉、径流条件、人类活动等因素有关。①银川平原为新生代拉张型断陷盆地，受西部贺兰山隆起影响，黄河逐渐从西部向东部移动，随着黄河改道，沉积了较厚的河湖相沉积层。在冲湖积沉积物堆积过程中，铁在河湖积地层中逐步富集，为地下水中 Fe、Mn 提供主要来源。②湖积平原含水层岩性主要为细砂、中细砂、粗砂、粉砂，偶见砂砾石层和黏性透镜体。银川平原不同区域含水层沉积物 HCl 提取 Fe 试验结果显示：含水层中 Fe 含量受沉积环境影响，空间差异较大，湖积平原中 Fe（Ⅱ）/ Fe（T）比例较高，Fe（Ⅱ）含量占 65% 以上。冲湖积平原 Fe（Ⅱ）/ Fe（T）比例低于湖积区。其中银川平原北部含水层岩性主要为暗色系粉砂—细砂，Fe（Ⅱ）含量为 900~17 100 mg/kg（平均值 7350 mg/kg），Fe（T）含量为 2050~27 100 mg/kg（平均值为 11 000 mg/kg），Fe（Ⅱ）/ Fe（T）为 0.4~0.9，表明沉积环境主要为还原环境。③银川平原作为典型的引黄灌区，浅层地下水约 80% 来自黄河水灌溉回渗补给和渠系渗漏补给。取样结果显示黄河水中 Fe、Mn 含量较高，尤其在银川平原北部黄河水中 Fe 含量>10 mg/L，最高达 47.6 mg/L，Mn 含量>1 mg/L，最高达 2.243 mg/L，为高 Fe、高 Mn 地下水形成提供了物质来源。此外，引黄灌溉使地下水压力和水位发生明显变化，灌期水位上升使地下水处于还原环境，有利于含 Fe、Mn 矿物溶解。地下水压力变化也会增强其迁移性。④从图 2-19 和图 2-20 可以看出，Fe、Mn 含量较高的地区主要分布在平原区东部地下水排泄区，水力坡度较小，径流条件差，因此可以认为银川平原浅层地下水中 Fe、Mn 含量的分布与补径排条件密切相关。⑤高 Fe、高 Mn 地下水主要分布在河湖积平原上部，工业废水未经处理直接排入地表水体或者就地排放，以及废金属不经合理处置直接填埋等人为污染也是导致局部地区 Fe、Mn 含量偏高的主要原因。

因此，可以认为，整个银川平原地下水中 Fe 含量空间异质性主要由地形、母质、土壤类型等结构性因素引起，而 Mn 含量空间异质性由结构性因素和随机因素共同作用导致；银川平原沉积的较厚的河湖相沉积层为地下水中 Fe、Mn 提供主要来源，黄河水中 Fe、Mn 含量较高，引黄灌溉进一步为高 Fe、高 Mn 地下水形成提供了物质来源；补径排条件、人类活动（工业废水不合理排放、废金属不合理处置等）以及水化学条件（暂时硬度和总碱度等）都是影响 Fe、Mn 含量较高的重要因素。

2.3.3　高氟地下水

饮用水中氟离子含量上限为 1.0 mg·L^{-1}，当饮用水中氟离子含量超标时，会引起地氟病。为进一步分析地下水中氟离子含量超标的原因，选择灵武市北部为研究区，根据野外调查取样测试结果，综合运用地质统计学及水化学方法对高氟地下水的分布及影响因素进行分析。

2.3.3.1　地下水中氟离子含量统计特征

灵武市北部潜水和承压水中氟离子的统计特征见表 2-4。从表中可以看出，潜水和承压水中氟离子均有较强的空间变异性，潜水中氟离子含量最小值为 0.2 mg·L^{-1}，最大值为 5.89 mg·L^{-1}，均值为 1.04 mg·L^{-1}，氟离子含量大于 1 mg·L^{-1} 的样品共计 22 组，占潜水总样品数的 30%；承压水中氟离子含量最小值为 0.22 mg·L^{-1}，最大值为 3.19 mg·L^{-1}，均值为 1.02 mg·L^{-1}，氟离子含量大于 1 mg·L^{-1} 的样品共计 6 组，占承压水总样品数的 37.5%。研究区属典型高氟地下水区。

表2-4　地下水中氟离子描述性统计特征值

地下水类型	样本数	最大值/(mg·L⁻¹)	最小值/(mg·L⁻¹)	均值/(mg·L⁻¹)	标准差	变异系数/%
潜水	73	5.89	0.2	1.04	1.059	101.8
承压水	16	3.19	0.22	1.02	0.977	95.8

2.3.3.2　地下水中氟离子含量的空间变异性

利用 GS+（9.0）软件对原始数据进行对数转换，符合正态分布后，进行半方差函数计算及理论模型拟合，计算结果见表2-5。潜水氟离子的各向同性指数模型的残差值最小，决定系数最大；承压水氟离子的各向同性高斯模型残差值最小，决定系数最大。表明研究区地下水中氟离子的空间分布表现出明显的各向同性特征，且模拟结果可用来较好地反映氟离子的空间变异性。

表2-5　氟离子变异函数特征值

地下水类型	性质	块金值(C₀)	基台值(C₀+C)	变程/m 主轴	变程/m 亚轴	判定系数(r²)	残差 RSS	最优模型
潜水	各向同性	0.001	0.562	8670		0.829	0.0514	指数
	各向异性	0.177	1.023	41730	41730	0.455	0.674	指数
承压水	各向同性	0.001	0.356	6841.6		0.704	0.114	高斯
	各向异性	0.001	0.879	12366.84	12366.84	0.403	1.95	高斯

研究区潜水和承压水中氟离子含量变程为 8.67 km、6.84 km，即在此范围外不存在空间自相关性。潜水和承压水中氟离子含量块金值与基台值的比值分别为 0.18%、0.28%，均远小于 25%，因此研究区地下水中氟离子含量具有强烈的空间自相关性，空间异质性主要由区域性因素（包括气候、地貌特征、地质条件、水文地球化学条件等）引起，随机因素对地下水中氟离子含量影响较小。

2.3.3.3　地下水中氟含量的空间分布规律

根据水化学分析结果，潜水和承压水中氟离子空间分布差异较小，且具有明显的水平分带特征，潜水和承压水中氟离子含量较高的地区均分布在研究区的东部，其地下水氟离子含量均大于 $1\ mg\cdot L^{-1}$，在灵武市区及东塔镇局部地区地下水氟离子浓度大于 $3\ mg\cdot L^{-1}$。从东部山区到西部平原地下水中氟离子浓度总体呈下降趋势，即研究区东部山前地下水补给区氟离子含量明显高于西部排泄区。

2.3.3.4　高氟地下水影响因素分析

（1）地质环境因素

形成高氟地下水的前提是具有丰富氟源的地质条件，富氟的土壤、沉积物、岩石等。根据钻孔资料、地面高程数据，结合地层分布，运用 GMS 软件中的 Solid 模块构建了研究区含水层的空间结构（图 2-26），可以看出研究区地层岩性以细砂为主，西南部靠近黄河有较厚层的砂卵砾石层，中部分布较连续的砂黏土隔水层。

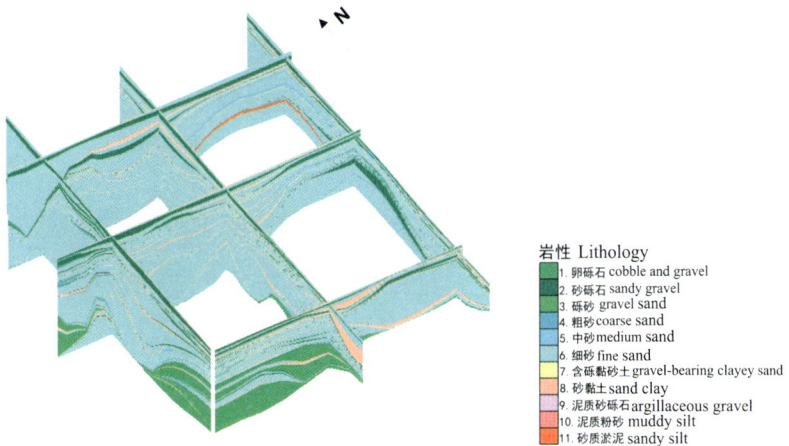

岩性 Lithology
1. 卵砾石 cobble and gravel
2. 砂砾石 sandy gravel
3. 砾砂 gravel sand
4. 粗砂 coarse sand
5. 中砂 medium sand
6. 细砂 fine sand
7. 含砾黏砂土 gravel-bearing clayey sand
8. 砂黏土 sand clay
9. 泥质砂砾石 argillaceous gravel
10. 泥质粉砂 muddy silt
11. 砂质淤泥 sandy silt

图 2-26　含水层空间结构剖面

  本次选择 3 条剖面自西向东对地表以下 1.2 m 不同深度土样进行采集，分析结果显示研究区 0~1.2 m 深度内土壤中氟含量为 131~1400 mg/kg，平均值为 978.63 mg/kg；水溶性氟含量为 1.33~13 mg/kg，平均值为 5.95 mg/kg，而我国土壤中氟的背景值为 478 mg/kg，地氟病发病区表层土壤水溶性氟平均值为 2.5 mg/kg，研究区土壤氟与全国土壤背景值相比明显处于较高水平，不同岩性土壤中氟化物含量见表 2-6，可见随着颗粒变细，氟化物含量呈增加趋势。此外，不同深度总氟化物及水溶性氟化物平均值见表 2-7，垂向分布见图 2-27。可以看出，研究区表层地层（0~1.2 m）中总氟化物含量平均值略高于深部地层（5~90 m），但水溶性氟化物含量明显低于深部地层。研究区地下水超过 80% 来自于上部灌溉水回渗、渠系渗漏及大气降水入渗补给，且浅层地下水水位年变幅平均值约 1.1 m，分析其原因认为表层（0~1.2 m）地层中可溶性氟化物通过不断溶滤和解吸附等水文地球化学作用进入潜水中，造成潜水中氟化物含量增高，而地层中留存的可溶性氟化物含量相对较低。此外，根据等水位线图分析，研究区东部山前地下水水力坡度约 0.29%，西部平原区水力坡度约 0.05%，东部山前地下水径流速度较快，促使地层中可溶性氟化物溶入水中，造成地下水中氟化物含量增高。在向西北径流的过程中，由于接受大量的氟离子含量较低的黄河水的灌溉入渗补给，使地下水中氟离子含量逐渐减少。

表 2-6 不同岩性土壤中氟化物含量统计表

岩性	总氟化物/(mg/kg)	水溶性氟化物/(mg/kg)
砂卵砾石	731	5.53
细砂	825	2.515
粉砂/含砾粉砂	967.50	6.297
砂黏土/黏土	1031.79	6.578
平均值	978.63	5.95

表 2-7 不同深度地层氟化物含量统计表

深度/m	总氟化物/(mg/kg)	水溶性氟化物/(mg/kg)
1.2	978.63	5.95
5	910.92	15.91
15	825.15	8.05
25	903.31	13.76
40	889.00	9.73
60	863.64	13.33
90	810.64	8.99

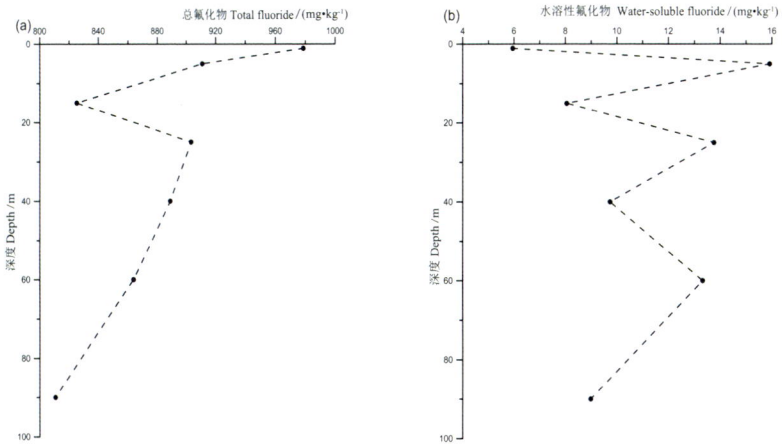

图 2-27 地层氟化物含量随深度变化曲线

(2) 水化学环境

利用水化学数据分别绘制了潜水和承压水 Piper 三线图（图 2-28），可以看出潜水水化学样品主要集中分布在 5 区、7 区、9 区，高氟水主要分布在 7 区和 9 区，显示了潜水高氟区主要分布于 Na^+ 毫克当量百分含量大于 50%、阴离子中少量 HCO_3^- 超过 50%、大部分阴离子没有超过 50% 的区域。承压水水化学样品主要分布在 7 区

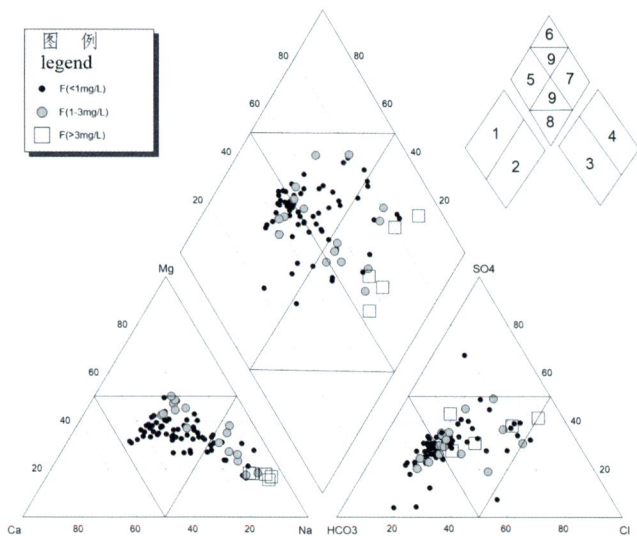

(a) 潜水

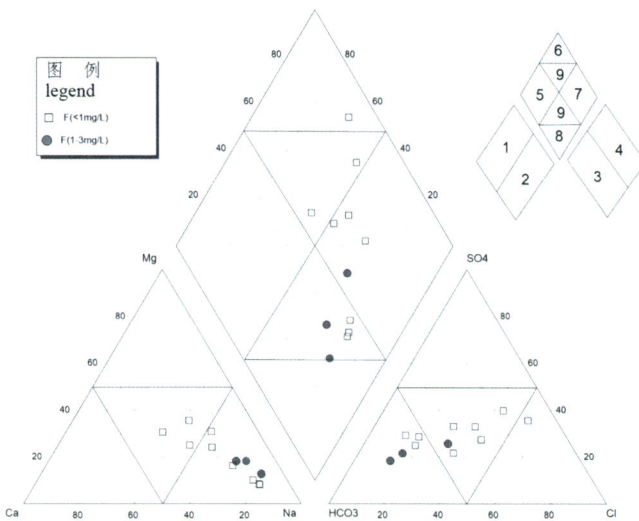

(b) 承压水

图 2-28 地下水样品 Piper 三线图

和 9 区，高氟水主要分布在 9 区。高氟水主要分布于 Na^+、HCO_3^- 毫克当量百分含量大于 50% 的区域，水化学类型相对简单，主要为 HCO_3-Na 型水。

因子分析可用来提取主要的水化学因子，识别主要的水文化学过程。对研究区潜水和承压水水化学数据进行标准化处理后，采用方差最大正交旋转法对主要因子进行旋转，按特征值大于 1 的原则，提取公共因子。潜水和承压水分析结果分别提取了 2 个公共因子（表 2-8），累计贡献率分别为 79.12% 和 84.31%，可反映数据的主要信息。

表 2-8　旋转因子载荷矩阵

含水层	潜水		承压水	
指标	F1	F2	F1	F2
TDS	0.950	0.291	0.948	0.280
pH 值	−0.013	−0.838	−0.821	−0.086
K^+	0.964	−0.128	0.405	0.691
Na^+	0.906	0.230	0.521	0.721
Ca^{2+}	0.814	0.438	0.981	0.003
Mg^{2+}	0.942	0.237	0.962	−0.045
Cl^-	0.512	0.625	0.986	0.063
SO_4^{2-}	0.973	0.057	0.959	0.224
HCO_3^-	0.551	0.703	−0.487	0.736
NO_3^-	−0.065	0.927	−0.485	0.721
F^-	−0.237	−0.276	−0.502	0.691

潜水中第一主因子 F1 的贡献率为 59.85%，其中 SO_4^{2-}、K^+、TDS、Mg^{2+}、Na^+、Ca^{2+} 所占因子载荷较大，反映了硫酸盐矿物溶解对地下水化学成分的影响，地下水在径流过程中不断与周围介质发生作用，使含水介质中的可溶成分不断进入地下水中，从而决定了地

下水中主要化学组分的构成，即溶滤作用在潜水化学场中起着主要作用。第二主因子 F2 的贡献率为 19.27%，其中 NO_3^- 具有较高的正载荷，与研究区大面积农田灌溉有关，反映了农业活动对地下水化学成分的影响；pH 值具有较高的负载荷，反映弱碱性环境对地下水化学成分的影响。

承压水中第一主因子 F1 的贡献率为 61.03%，主要由 Cl^-、Ca^{2+}、Mg^{2+}、SO_4^{2-}、TDS 构成，反映了岩盐及硫酸盐矿物溶解作用对承压水水化学组分的影响。第二主因子 F2 的贡献率为 23.28%，主要由 HCO_3^-、NO_3^-、Na^+ 组成，反映了碳酸演化及上部潜水对承压水水化学成分的影响。

研究区位于西北干旱半干旱地区，蒸发强烈，蒸发浓缩作用是导致地下水中各离子浓缩富集的重要原因。Gibbs 图可用来指示大气降水、岩石风化及蒸发浓缩对地下水水化学成分的影响，从图 2-29 可以看出，潜水中高氟水主要位于蒸发浓缩作用和岩石风化作用区域，承压水中高氟水主要处于岩石风化作用区域，即潜水中氟离子受蒸发浓缩和岩石风化作用共同影响，承压水中氟离子浓度主要受岩石风化作用影响。

氯碱指数［CAI-1，CAI-2，式（1），式（2）］可以用来表征离子交换的强度和方向，若 CAI-1，CAI-2 为负值，则表明地下水中的 Ca^{2+}、Mg^{2+} 与地层中的 Na^+ 交换，使地下水中 Na^+ 含量升高，Ca^{2+}、Mg^{2+} 含量降低；若 CAI-1，CAI-2 为正值，则说明地下水中 Na^+ 与地层中的 Ca^{2+}、Mg^{2+} 交换，使地下水中 Ca^{2+}、Mg^{2+} 含量升高，Na^+ 含量降低。由图 2-30 可以看出，研究区地下水样品的氯碱指数均小于 0，表明阳离子交替作用主要发生的是地下水中的 Ca^{2+}、Mg^{2+} 与地层中的 Na^+ 交换，且高氟地下水氯碱指数绝对值较大，说明阳离子交替吸附作用有利于地下水中氟离子富集。

$$CAI-1=\left[\gamma\left(Cl^-\right)-\gamma\left(Na^++K^+\right)\right]/\gamma\left(Cl^-\right) \tag{1}$$

$$CAI-2=\left[\gamma\left(Cl^-\right)-\gamma\left(Na^++K^+\right)\right]/\left[\gamma\left(SO_4^{2-}\right)+\gamma\left(HCO_3^-\right)+\gamma\left(NO_3^-\right)\right] \tag{2}$$

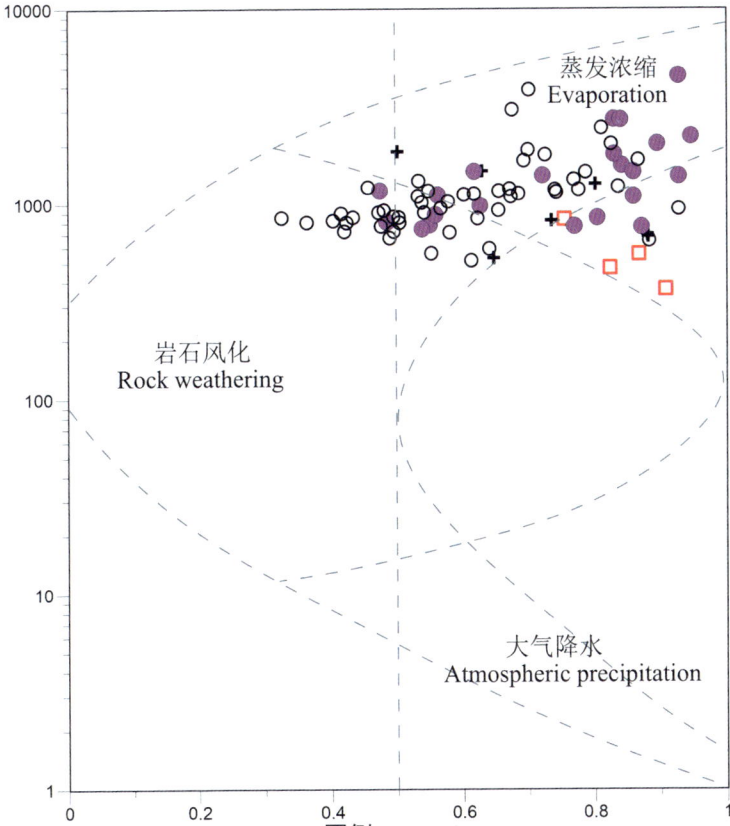

图例 Legend

○　潜水F⁻<1mg·L⁻¹ Phreatic water with F⁻<1mg·L⁻¹
●　潜水F⁻>1mg·L⁻¹ Phreatic water with F⁻>1mg·L⁻¹
+　承压水F⁻<1mg·L⁻¹ Confined water with F⁻<1mg·L⁻¹
□　承压水F⁻>1mg·L⁻¹ Confined water with F⁻>1mg·L⁻¹

图 2-29　TDS 与 Na⁺/(Na⁺+Ca²⁺) 关系

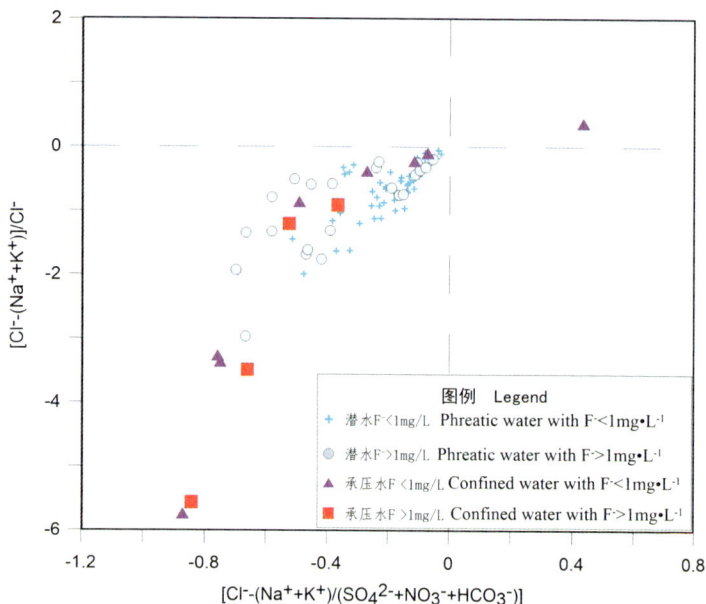

图 2-30　地下水氯碱指数关系

由上可知，灵武市北部潜水和承压水中氟离子含量具有强烈的空间自相关性，空间异质性主要由区域性因素（包括气候、地貌特征、地质条件、水文地球化学条件等）引起。潜水和承压水中氟离子空间分布均具有明显的水平分带特征，垂向上氟离子空间分布差异较小，高氟地下水主要分布于研究区的东部山前地下水补给区。研究区地层中的含氟矿物为高氟地下水的形成提供了物质条件，表层地下水年变幅约 1.1 m，垂向上不断交替使地层中氟化物不断溶入水中，造成潜水中氟化物含量增高。此外，东部山前径流速度相对较快，加速地层中氟化物溶解，使东部地下水中氟化物含量相对较高。地下水向西北方向径流过程中，接受氟离子含量较低的灌溉入渗水补给，使地下水中氟离子含量逐渐降低。潜水中氟离子的富集主要受岩石风化作用、蒸发浓缩及阳离子交替吸附作用共同影响，承压水中氟离子的富集主要受岩石风化及阳离子交替吸附作用影响。

2.4　水资源开发利用概况

根据宁夏水资源公报（2018年）数据显示，黄河灌区2018年总供水量为60.992亿m³，其中地表水源供水量为56.923亿m³，占总供水量的93.3%；地下水源供水量为3.883亿m³，仅占总供水量的6.37%；剩余为污水处理回用量，为0.186亿m³，约占总供水量的0.3%。近两年随着西线工程的实施及逐步投入使用，地下水集中供水水源地的开采资源量将大幅下降。

2.5　本章小结

本章基于银川平原自然地理、水文地质特征基础数据及地下水动态观测数据，对银川平原区域特征进行分析，得出如下结论。

第一，多年平均气温均呈逐渐上升趋势，银川地区气温上升梯度为0.04 ℃/a。各地多年平均降水量180 mm左右呈振动式变动，蒸发量有逐渐减小的趋势。

第二，地下水主要接受渠系和农田灌溉入渗补给，约占总补给量的80%以上；其次，为降水入渗补给量，约占总补给量的11%；此外，还接受来自贺兰山前及东部鄂尔多斯台地前缘地下水的侧向径流补给及洪水散失补给，约占地下水总补给量的4.5%。

第三，银川市潜水地下水动态可分为一个稳定区和三个水位下降区。Ⅰ下降区主要分布在南郊水源地、东郊水源地、宁化水源地和征沙水源地周围，水位降幅在2~3.4 m之间。Ⅱ下降区主要位于贺兰水源地东部，降幅在1~2 m之间。Ⅲ下降区主要位于贺兰山东麓山前洪积斜平原，镇北堡—闽宁镇一线，降幅仅在 1~2 m 之间。

第四，银川市承压水动态类型大致分为一个上升区、两个下降区和一个稳定区。Ⅰ上升区，水位上升≥1 m，主要位于西夏区，西至西绕城高速，东至兴洲街，南至南绕城高速，北至贺兰山路；Ⅱ下降区，主要包括北部镇北堡与北郊水源地周围和阅海湖东侧贺兰县习岗镇区域以及南部南郊水源地周围和东侧大新乡区域，水位降深≥4 m；Ⅲ下降区，主要包括金凤区与兴庆区城区以及贺兰县立岗以南至掌政的区域，水位降深在 1~4 m；Ⅳ稳定区，主要位于立岗—掌政与黄河之间区域，水位变幅<1 m。

第五，石嘴山市西部靠近山前地区地下水变幅较大，局部地区水位呈持续下降趋势，平均下降约 5 m。东部平原区水位相对稳定。吴忠市黄河以西地区，由于受节水灌溉影响，地下水丰枯期水位相差不大，丰水期水位与 2004 年相比明显降低。

第六，高 Fe、高 Mn 地下水主要受含水岩层介质影响，地质条件为 Fe、Mn 含量的变化提供了物质条件。此外，地下水径流条件差、更新缓慢、引黄灌溉引起的地下水压力、水位及环境的改变以及暂时硬度和总碱度均是影响 Fe、Mn 含量分布的重要因素。

第七，灵武市北部地区，地下水中氟离子的含量在水平方向上，总体上呈东高西低；垂向上，潜水和承压水中氟离子空间分布差异较小。地下水中 F⁻含量空间异质性主要由区域性因素引起，地下水中的氟主要来自地层中含氟矿物，潜水中 F 富集受蒸发浓缩、岩石风化和阳离子交替作用影响，承压水中 F 浓度受岩石风化和阳离子交替作用影响。

第八，黄河灌区地下水水源供水量为 3.883 亿 m³，仅占总供水量的 6.37%，随着西线工程实施，地下水水源地开采量将进一步减少。

第3章 地下水补给来源、变化及成因分析

3.1 区域地下水补给来源的同位素证据

3.1.1 地下水系统细分

为进一步细分不同地区地下水的补给来源，根据含水介质类型将研究区地下水系统划分为第四系松散岩类孔隙含水子系统（II_1）、碎屑岩类裂隙孔隙含水子系统（II_2）和基岩裂隙含水子系统（II_3）（图3-1）。

本次重点研究第四系松散岩类孔隙含水子系统地下水特征。利用工作区已有钻孔资料，结合前人研究成果，工作区内的第四系含水层在平面上划分为单一潜水区和多层结构区。单一潜水区主要分布于银川平原南部的黄河峡口（黄河峡口洪积扇单一潜水 II_{1-1}）、西部的贺兰山东麓山前平原（贺兰山东麓洪积斜平原单一潜水 II_{1-2}）、东北部的黄河漫滩（黄河漫滩单一潜水 II_{1-3}）及北部的石嘴山盆地（石嘴山盆地单一潜水 II_{1-4}），岩性以粗砂为主，黏性土多以透镜状分布，上下水力联系较好，构成单层水文地质结构。多层结构区分布于广大河湖积平原和冲洪积平原，砂层和黏性土层相间分布，含水层之间隔水层分布连续，构成多层水文地质结构（多层结构区 II_{1-5}）（图3-1）。

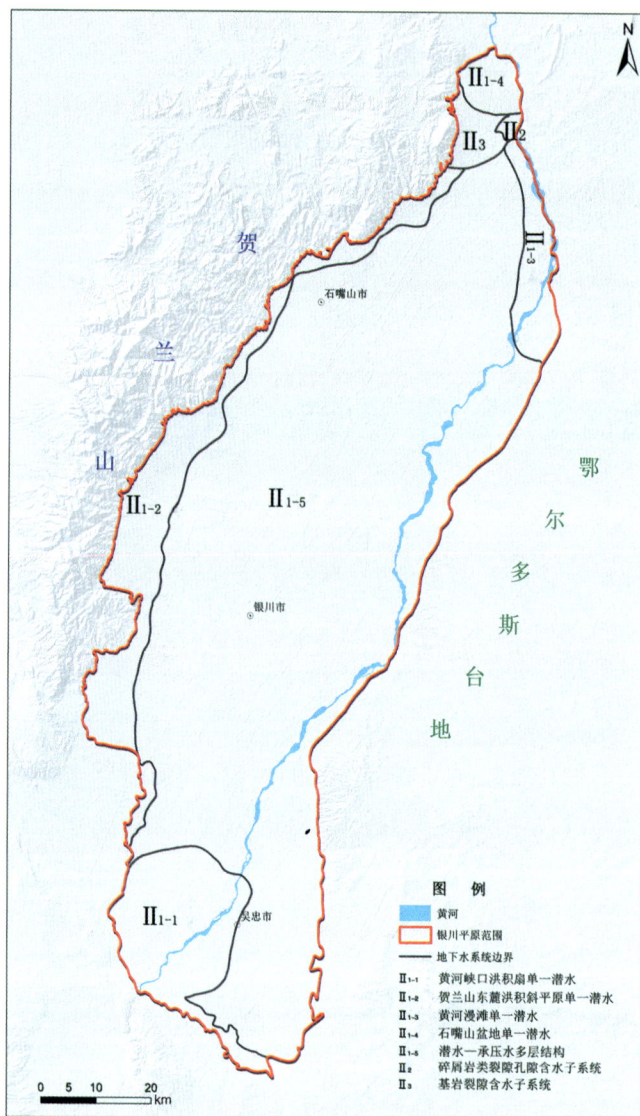

图 3-1　银川平原地下水系统分区

3.1.2　黄河峡口洪积扇单一潜水含水子系统（Ⅱ₁₋₁）

黄河峡口洪积扇和贺兰山东麓洪积斜平原单一潜水含水子系统地下水的 δD 和 δ¹⁸O 的组成特征见图 3-2，从图中可以看出，地下水样品的同位素比值均小于银川当地降水的平均值，并且样品基本沿着蒸发线分布，根据稳定同位素特征可大致分为两组（A 组和 B 组）。

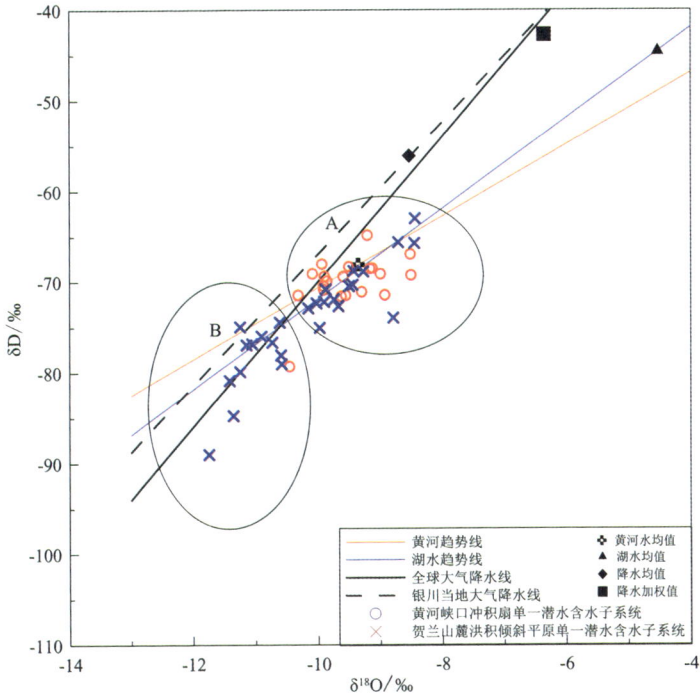

图 3-2　黄河峡口冲积扇和贺兰山东麓洪积斜平原单一潜水含水系统 δD~δ¹⁸O

其中黄河峡口洪积扇主要分布于图中的 A 组，这部分样品沿着蒸发线分布且落在上端，蒸发效应明显，反映了这些地下水补给过程中受到蒸发影响。值得注意的是，该组样品的同位素比值与黄河水的平均值接近，说明其补给来源为黄河水，模式为黄河侧渗和引黄灌溉入渗。这与当地大面积的农田种植及使用黄河水灌溉一致。另外，少数样品沿着降水线分布，蒸发影响不明显，反映降水补给占有一定的比重，但是这种降水补给可能来自于低山丘陵区，或者是冬季的降水入渗。

黄河峡口冲积扇地下水子系统的氚年龄随着采样深度增加（图 3-3），进一步说明现代补给模式以垂向入渗为主，其拟合直线斜率代表实际平均入渗速率为 3.94 m/a，假设含水层的有效孔隙度为 0.25，则补给速率约为 0.985 m/a。

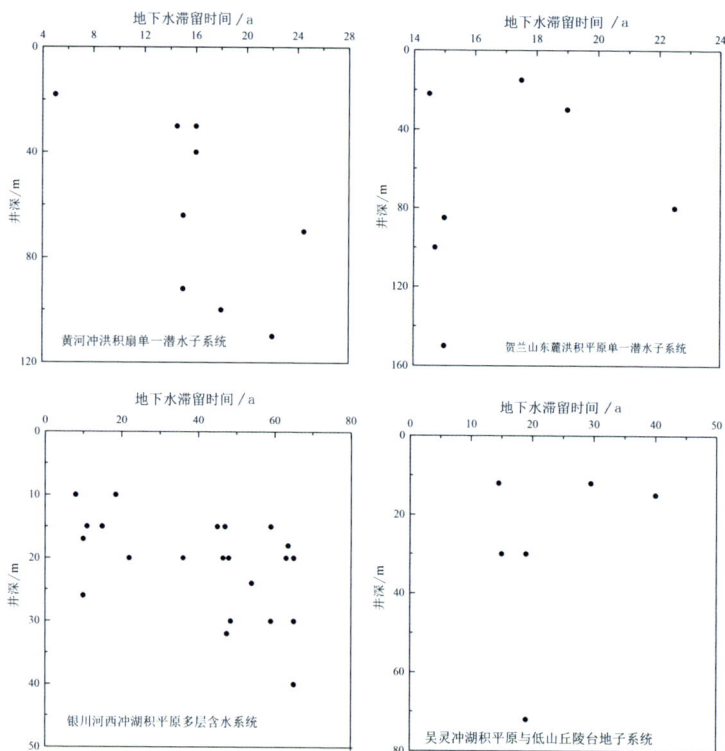

图 3-3　地下水年龄与取样深度

3.1.3 贺兰山东麓洪积斜平原（Ⅱ₁₋₂）

贺兰山东麓洪积斜平原单一潜水区样品基本沿着由地表湖水确定的蒸发线分布（图 3-2），说明当地降水补给的比例相对较少，其主要补给来源应该是具有同位素比值更小的高海拔地区的降水或者气候寒冷时期的古补给，由于大多数样品含有可以检测到的氚，因此，古补给可以排除。根据落在降水线左下端未受蒸发影响地下水样品的 $\delta^{18}O$ 平均值（-10.5‰）和降水平均值的差值，按照全球平均 $\delta^{18}O$ 高程梯度（$\Delta\delta^{18}O$=-0.25‰/100 m）估算，补给水来自高程比银川高 760 m 的贺兰山区降水。此区地下水 $\delta^{18}O$ 变化范围较大，样品在 A 组和 B 组均有分布，A 组的样品主要是该系统的中南部地区，这部分样品 $\delta^{18}O$ 变化范围较大，样品沿着蒸发线分布且落在上端，蒸发效应明显，反映了这些地下水的补给模式主要是通过山区地表水在山前带的渗漏补给，补给过程中受到蒸发影响。值得注意的是，该组样品的同位素比值与黄河水的平均值接近，是否受到黄河冲积扇以及引黄灌溉补给影响需要进一步核实。B 组的样品主要是采自系统的北部，这些样品落在全球大气降水线下端，$\delta^{18}O$ 变化范围较小，蒸发效应不明显，其同位素比值与山区泉水的比值相近，反映了其补给模式以山区侧向径流为主，或者是山区河流在山前的快速入渗，补给过程中未受到严重的蒸发影响。

地下水的年龄可以指示地下水的补给模式，从潜水的年龄与取样深度的关系（图 3-3）可见：贺兰山东麓洪积斜平原单一潜水含水子系统的年龄随着采样深度并未显示出明显的相关性，说明垂直入渗并不是该系统主要的补给模式。从潜水氚年龄分布图上（图 3-4）可见，自西部山前（平原区边界）沿地下水流向至东部冲洪积倾斜平原的前缘，地下水的氚年龄从 10 年逐渐增加到大于 65 年，说明地下水的补给模式以侧向径流补给为主。根据南部、中部和北部三个剖面的平均

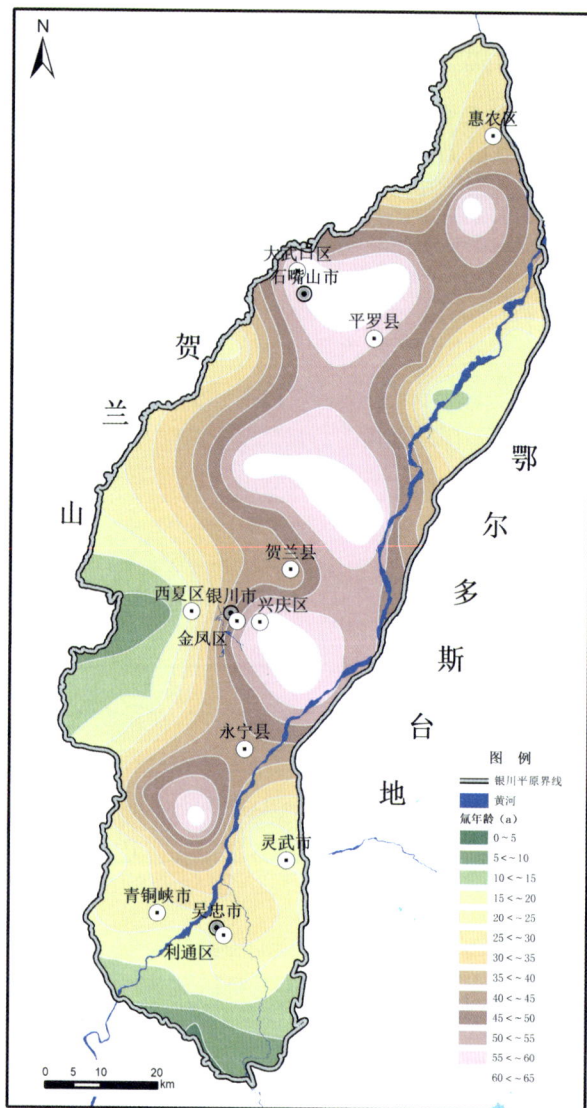

图 3-4 银川平原潜水氚年龄分布图

年龄梯度计算，来自山区平均实际地下侧向径流速率为 133.9 m/a，假设含水层的有效孔隙度为 0.2，则侧向径流补给速率约为 26.78 m/a。

3.1.4 黄河漫滩单一潜水含水子系统（Ⅱ₁₋₃）

该系统的样品的 δ¹⁸O 值变化很大，δ 值小于当地降水的平均值，基本沿着当地蒸发线（湖水趋势线）分布（图 3-5），样品均匀分布在黄河水均值周围，与黄河峡口样品分布在同一范围，说明地下水的主要补给来源为黄河水。

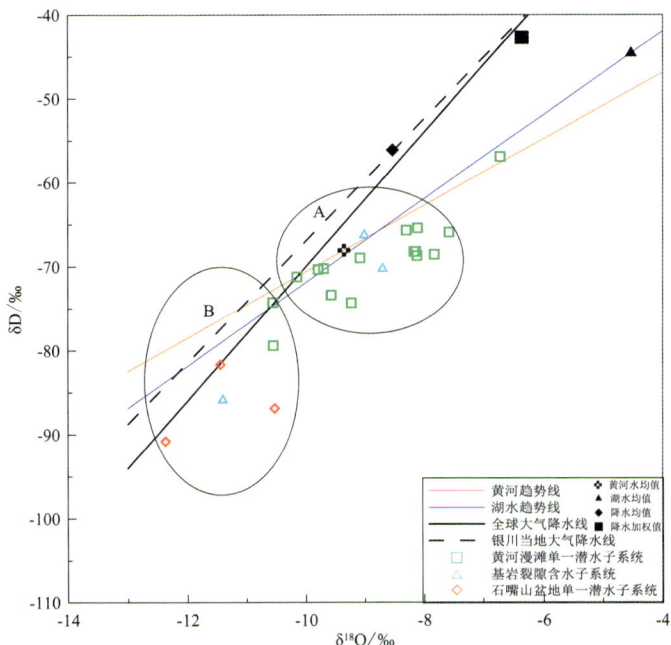

图 3-5 石嘴山盆地和黄河漫滩含水系统 δD~δ¹⁸O

3.1.5 石嘴山盆地单一潜水含水子系统（Ⅱ₁₋₄）

石嘴山盆地内基岩裂隙水三个样品点的同位素比值变化范围相当大（图 3-5），其中两个样品接近黄河水的平均值，一个接近贺兰山前北部的地下水同位素特征值，说明其补给来源多样，部分来自黄河水补给，部分来自山区的侧向径流。

　　石嘴山单一潜水含水系统的三个样品点均分布在 B 组，且位于蒸发线右下方，进一步说明北部山前地区潜水补给来源是贺兰山区降水，补给模式以侧向径流为主。

3.1.6　潜水—承压水多层结构

　　从黄河以西河湖积平原区潜水—承压水多层结构区的 $\delta D \sim \delta^{18}O$ 关系图（图 3-6）的分布特征来看，潜水的 δ 值绝大多数小于当地降水的平均值，而且变化范围非常大，反映了不同的补给来源与补给模式。

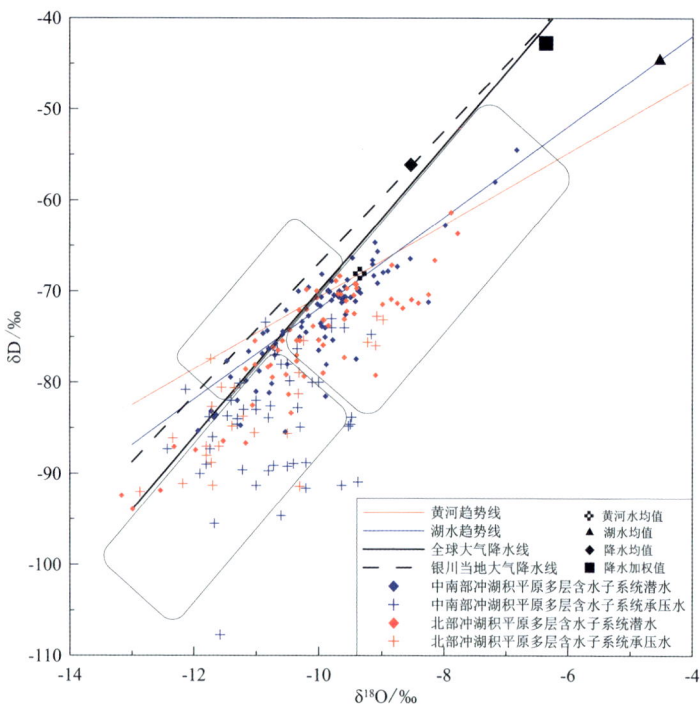

图 3-6　银川平原地下水 $\delta D \sim \delta^{18}O$ 关系

　　小部分潜水样品沿着当地大气降水线分布，这些样品主要分布在
靠近山前单一含水系统，反映了山前单一潜水局部地段的侧向补给或
者是山区地表水通过河流入渗的补给。大部分潜水样品向右侧偏离大
气降水线，其中，位于右上部分的样品偏离大气降水线明显，沿着比
地表水蒸发线斜率更小的直线分布，显示出强烈的蒸发影响；这些样
品基本均匀散落在蒸发线两侧和黄河水均值周围，说明地下水的补给
来源为引黄灌溉水入渗，在补给过程中受到强烈的蒸发影响。位于左
下部分的样品，偏离降水线的程度相对较小，绝大多数样品为位于潜
水位低于第一承压含水层水位的地区，其补给来源除了灌溉入渗补给
外，还受到承压水的越流补给影响，尤其是在平罗—西大滩一带潜水
样品的同位素比值更低，受到的越流影响较大。

　　该系统的承压水样品（第一承压含水层）的同位素比值较小，样
品落在 $\delta D \sim \delta^{18}O$ 关系图的左下端，这些样品绝大多数不含氚，为气候较
现今冷的时期古降水补给，或者是古黄河补给，现代补给相对较少。

　　吴灵冲湖积平原多层含水子系统的 $\delta D \sim \delta^{18}O$ 关系见图 3-7，潜水
的 δ 值较大，变化范围相比银川平原区潜水要小得多，集中分布在降
水线右上端的黄河水平均值附近，并且偏离降水线沿着蒸发线分布，
说明黄河水的灌溉入渗补给是主要的补给来源。

　　承压水样品 δ 值变化范围相比潜水要大，说明补给来源变化较
大。从图中可见，该系统的承压水和陶乐冲湖积平原的承压水大致沿
着平行于大气降水线但氘过量（截距）小于现代降水的直线分布，说
明其补给主要是古补给，其水汽来源与现今不同。部分含氚的承压水
样品与相应位置的潜水 δ 值相近，说明受到潜水的补给影响。另外，
值得注意的是，部分潜水与承压水样品与附近低山丘陵地下水系统承
压水样品 δ 值相近，可能反映了台地区地下径流补给的影响。

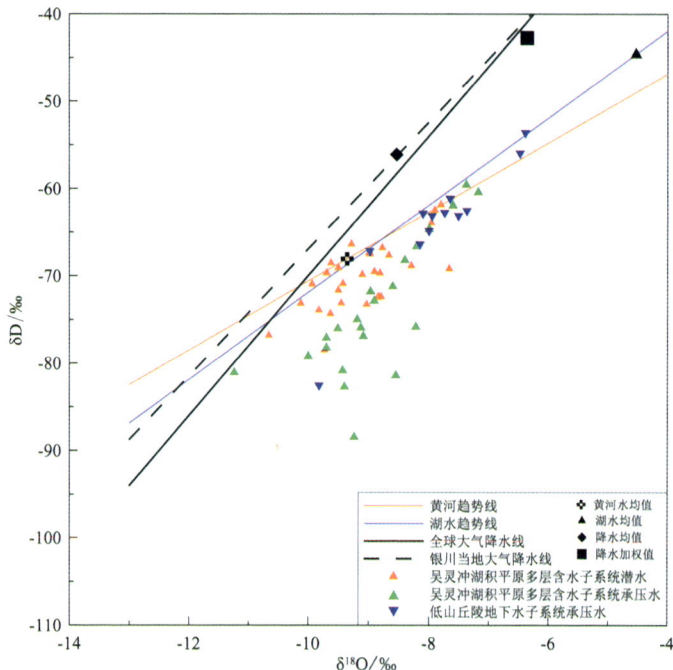

图 3-7　吴灵冲湖积平原含水子系统与低山丘陵地下水系统 $\delta D \sim \delta^{18}O$

3.2　近 30 年银川平原地下水补给资源构成

　　银川平原地下水补给来源主要包括田间灌溉入渗补给、渠系渗漏补给、洪水散失补给、大气降水入渗补给、山前侧向径流补给及局部地段黄河渗漏补给。通过对前人资料的综合整理分析，发现银川平原近 30 年间地下水资源量发生较大变化。

　　1982—2015 年银川平原地下水资源及其补给量变化见表 3-1。地下水资源构成变化见图 3-8。从表中可以看出人工补给是影响银川平原地下水资源量的主要因素，主要为渠系入渗和灌溉回渗。

表 3-1　1982—2015 年银川平原地下水资源构成及其变化

（单位：亿 m³/a）

		20 世纪 80 年代 （1982—1983 年）	20 世纪 90 年代 （1993—1994 年）	21 世纪初 （2003—2004 年）	21 世纪初 （2013—2014 年）
引黄水 补给	渠系入渗	11.884	17.067	11.400	5.460
	灌溉回渗	3.944	3.499	6.820	6.270
本地水 补给	大气降雨	1.590	1.706	1.180	1.620
	洪水散失	0.371	0.313		0.362
	边界径流	0.413	0.938	0.820	0.257
	黄河渗漏			0.150	0.530
	沙漠凝结水		0.136		
补给总量		18.201	23.660	20.370	14.499
排水沟排水		3.801	7.497	6.130	5.130
蒸发量		13.452	13.030	10.070	4.070
开采量		0.234	2.830	4.910	4.446
黄河泄流量		0.120	0.355	0.340	0.355
排泄总量		17.610	23.712	21.450	14.005

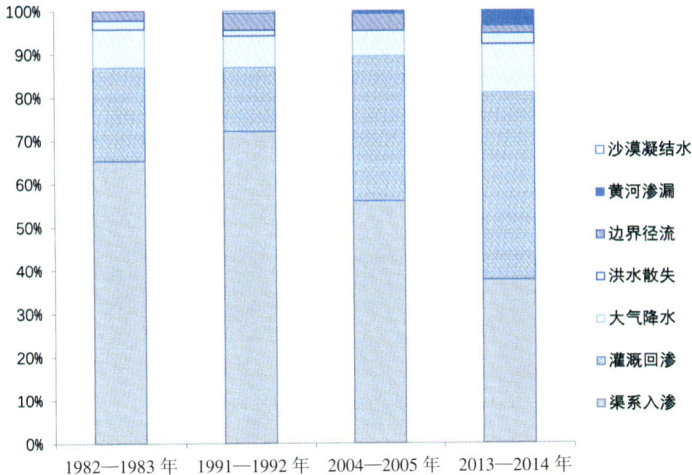

图 3-8　银川平原地下水资源构成变化

3.3　地下水资源构成变化成因

3.3.1　渠系衬砌情况

对渠系衬砌情况进行统计（表 3-2、图 3-9），发现自 20 世纪 90 年代至今，渠系衬砌程度大幅度增加，引起渠系渗漏量大幅变小。

根据调查数据显示，渠系衬砌率由 20 世纪 90 年代（以 1998 年为例）的 1.77% 增加至 21 世纪初（2013 年）的 32.61%，造成地下水补给资源量大幅减少。20 世纪 90 年代（1993 年）渠系渗漏量为 17.067 亿 m^3，21 世纪初（2013 年）降为 5.46 亿 m^3，降幅 11.607 亿 m^3。

表 3-2　1998 年、2007 年、2013 年银川平原地下水资源构成及其变化

渠道	干渠长度（km）	20 世纪 90 年代（1998 年）		21 世纪初（2007 年）		21 世纪初（2013 年）	
		衬砌长度（km）	衬砌率	衬砌长度（km）	衬砌率	衬砌长度（km）	衬砌率
河西总干渠	47.10						
西干渠	112.70			1.50	1.33%	13.14	11.66%
唐徕渠	145.70	11.30	7.76%	27.08	18.58%	81.46	55.91%
汉延渠	88.60			5.36	6.05%	44.40	50.11%
惠农渠	229.00	6.50	2.84%	10.30	4.50%	63.15	27.58%
大清渠	25.81			3.47	13.43%	25.81	100.00%
泰民渠	47.00						
河东总干渠	5.10						
秦渠	60.00			2.47	4.12%	24.44	40.73%
第一农场渠	31.60			3.00	9.49%	3.00	9.49%
第二农场渠	81.00					15.60	19.26%
汉渠	44.30			19.10	43.12%	19.10	43.12%
马莲渠	31.30					26.92	86.01%
东干渠	54.40					10.36	19.04%

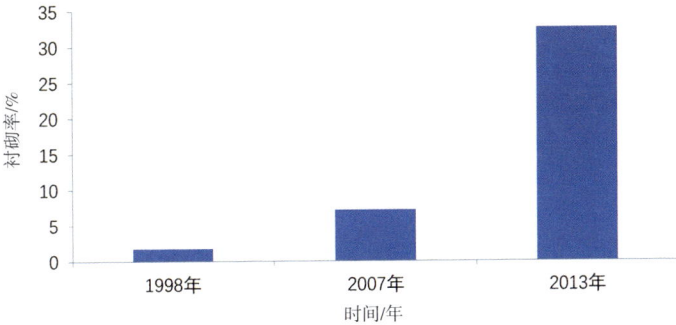

图 3-9　银川平原渠系衬砌情况变化

3.3.2　引黄灌溉水量变化

根据宁夏水资源公报数据统计，得出青铜峡灌区引黄水量变化情况，见图 3-10。可以看出，自 2001 年至今，银川平原引黄水量大幅减少，2001 年引黄水量 57.65 亿 m^3，2018 年引黄水量 38.63 亿 m^3，减少 19.02 亿 m^3。引黄水量大幅减少，也是造成地下水补给资源量降低的原因。

图 3-10　青铜峡灌区引黄水量变化（数据来自宁夏水资源公报）

3.3.3　种植结构调整

20 世纪 80 年代到 21 世纪初，银川平原灌溉回渗补给量在逐步增加。通过银川平原各市县的种植结构（表 3-3、表 3-4），绘制银川平

057

原耕地面积及水田面积变化趋势图（图 3-11），可以看出，自 2005 年开始耕地种植面积大幅增加，加上地下水位整体下降，水头差增大，是造成灌溉水量增加的主要原因。

3.3.4　城镇建设

近几十年来，随着宁夏大力发展经济，银川平原作为宁夏经济文化的中心，各个县区城镇建设面积增长迅速（图 3-12）。

城市化面积增大，导致地面硬化面积增加，也会对地下水补给资源量减少产生影响。此外，城市建设必然面临着大量的降水工程，在这个过程中，大量地下水被抽出后直接排入排水沟并沿着沟汇入黄河，从而导致了区域地下水资源量减少。

表 3-3　银川平原农田面积变化（1984—2014 年）

（单位：km²）

地区		1984 年	1993 年	2005 年	2010 年	2014 年
石嘴山市	大武口区	135.54	19.25	202.77	202.76	26.52
	惠农区	–	109.62	–	–	250.76
	平罗县	349.05	355.78	629.46	635.25	737.68
	总计	484.6	484.64	832.23	838.01	1014.95
银川市	城区	211.3	220.66	725.69	408.52	362.56
	贺兰县	249.04	253.51	427.90	444.81	459.61
	永宁县	223.75	222.97	396.17	383.25	467.37
	总计	684.09	692.06	1549.77	1236.58	1289.54
吴忠市	利通区	152.81	177.27	328.70	373.29	375.42
	青铜峡市	213.90	237.14	493.11	429.39	532.22
	总计	366.72	414.41	821.82	802.68	907.64
总计		1535.40	1591.12	3203.81	2877.27	3212.13

表 3-4　银川平原水田面积变化(1984—2014 年)

(单位：km²)

地区		1984 年	2005 年	2010 年	2014 年
石嘴山市	大武口区	22.64	1.08	1.70	0.82
	惠农区	–	–		4.02
	平罗县	14.66	70.11	116.03	141.11
	总计	37.30	71.19	117.73	145.95
银川市	城区	164.82	151.14	114.19	87.59
	贺兰县	223.01	84.86	135.62	134.30
	永宁县	187.82	72.80	70.73	82.99
	总计	575.64	308.80	320.54	304.88
吴忠市	利通区	152.28	73.94	48.06	55.46
	青铜峡市	208.82	83.19	67.84	102.67
	总计	361.10	157.13	115.90	158.13
总计		974.04	537.13	554.18	608.97

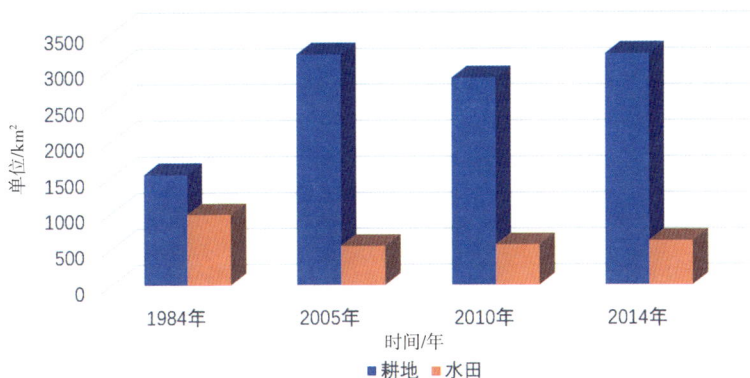

图 3-11　银川平原耕地面积及水田面积变化趋势

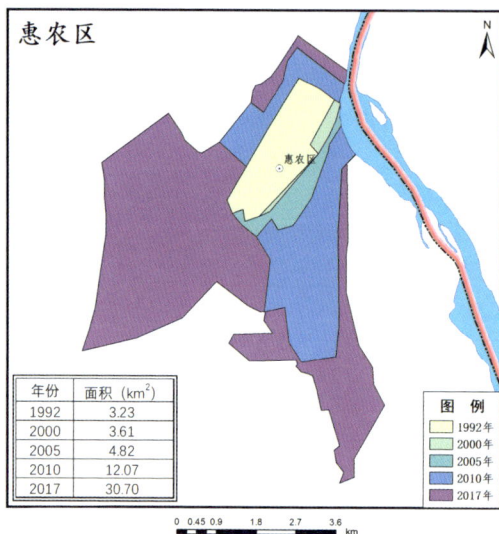

惠农区

年份	面积（km²）
1992	3.23
2000	3.61
2005	4.82
2010	12.07
2017	30.70

图　例
- 1992年
- 2000年
- 2005年
- 2010年
- 2017年

0　0.45 0.9　　1.8　　　2.7　　　3.6
km

(a)

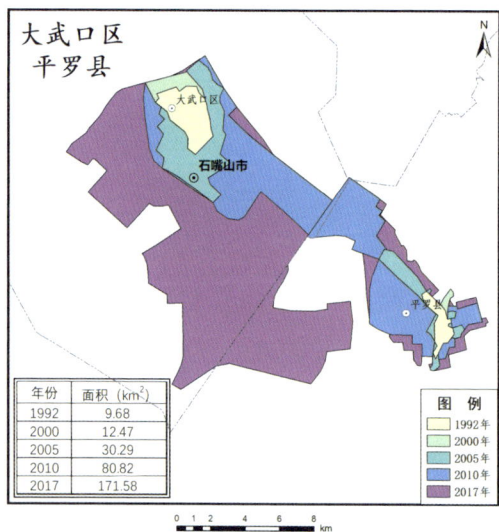

大武口区
平罗县

石嘴山市

年份	面积（km²）
1992	9.68
2000	12.47
2005	30.29
2010	80.82
2017	171.58

图　例
- 1992年
- 2000年
- 2005年
- 2010年
- 2017年

0　1　2　　　4　　　　6　　　　8
km

(b)

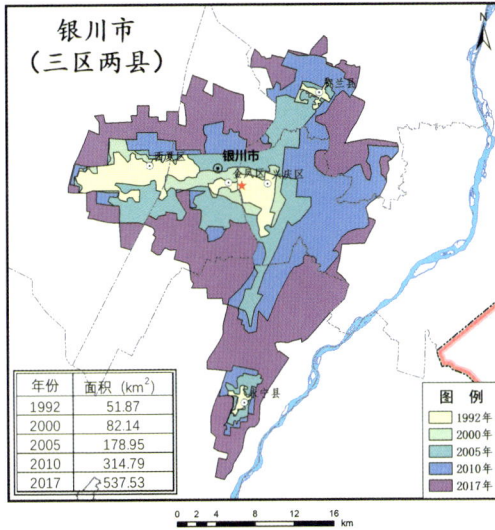

银川市
（三区两县）

年份	面积（km²）
1992	51.87
2000	82.14
2005	178.95
2010	314.79
2017	537.53

图 例
- 1992年
- 2000年
- 2005年
- 2010年
- 2017年

0 2 4   8   12   16
km

(c)

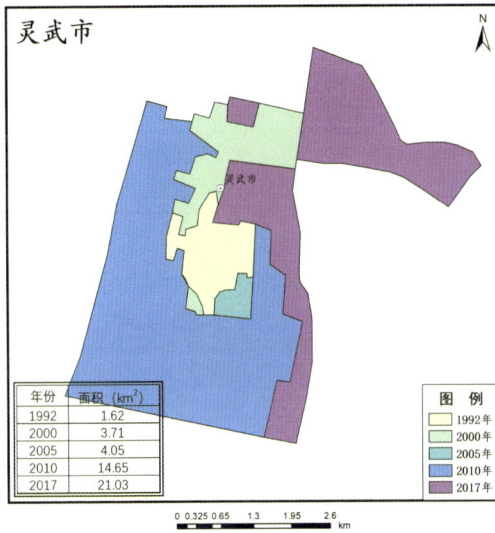

灵武市

年份	面积（km²）
1992	1.62
2000	3.71
2005	4.05
2010	14.65
2017	21.03

图 例
- 1992年
- 2000年
- 2005年
- 2010年
- 2017年

0 0.325 0.65   1.3   1.95   2.6
km

(d)

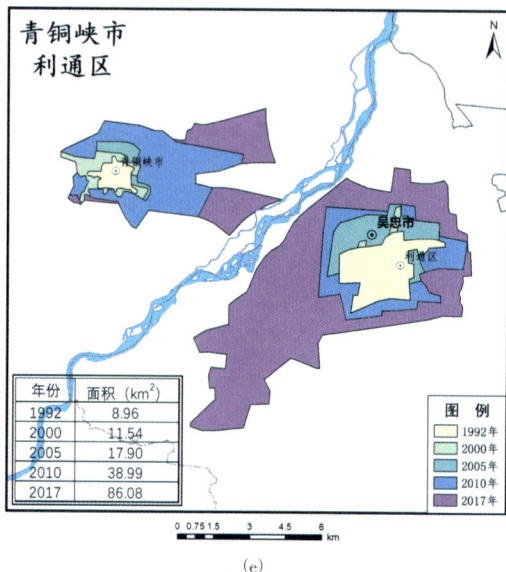

年份	面积（km²）
1992	8.96
2000	11.54
2005	17.90
2010	38.99
2017	86.08

(e)

城镇面积变迁趋势图(1992—2017 年)

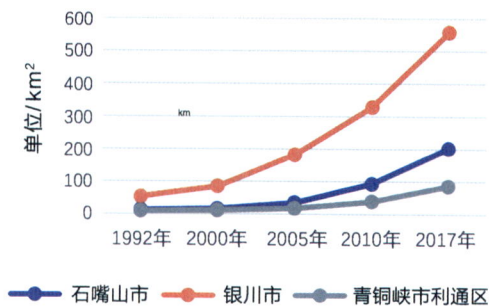

(f)

图 3-12　银川平原各市县历年来城市面积变化对比

3.4　本章小结

　　本章基于同位素数据及不同年份水资源调查评价结果，对银川平原不同地区地下水来源、地下水补给资源构成变化及成因进行分析，主要得出以下结论。

　　黄河峡口洪积扇单一潜水含水区地下水补给来源为黄河水，模式为黄河侧渗和引黄灌溉入渗，补给过程中明显受蒸发影响，补给速率约为 0.985 m/a。贺兰山东麓洪积斜平原单一潜水地下水的氚年龄从 10 年逐渐增加到大于 65 年，补给模式以侧向径流补给为主，补给过程中未受到严重的蒸发影响。侧向径流补给速率约为 26.78 m/a。黄河漫滩单一潜水区地下水的主要补给来源为黄河水。石嘴山盆地内补给来源多样，部分来自黄河水补给，部分来自山区的侧向径流，石嘴山单一潜水含水系统北部山前地区潜水补给来源是贺兰山区降水，补给模式以侧向径流为主。河湖积平原地下水主要以引黄灌溉入渗补给为主，承压水样品 δ 值变化范围相比潜水要大，说明补给来源变化较大。

　　近 20 年来，银川平原由于受渠系大幅衬砌、引黄水量大幅减少、种植结构调整及城镇建设等因素影响，地下水补给资源量明显减少，与 21 世纪初相比，地下水补给资源量减少约 6 亿 m³。

第 4 章　银川平原不同地区
地下水循环模式

　　原位剖面是揭示地下水与地表水之间多次转化机制以及地下水维持表生生态环境能力的直接手段。通过原位观测，查明地下水的多级循环模式（浅部循环带、中部循环带、深部循环带），解析不同地下水循环模式对湖泊、湿地和地表水的贡献，从循环强度上直接解答和指导水资源开发和生态环境建设，提高水资源应急保障能力。

　　银川平原地下水在自南向北径流过程中，在地质条件、地貌形态、地表生态和长期的人为开发活动的综合作用下，地下水表现出复杂的变化特点。为查明银川平原不同地区地下水循环模式，在银川平原中部（1# 剖面）、南部（2# 剖面）和北部（3# 剖面）设计 3 条东西向的原位监测剖面（图 4-1），长期开展地下水动态监测和水化学及同位素取样分析工作。采用地下水动力场、水化学方法、同位素方法综合分析不同地区地下水的循环模式，并对地下水的补给环境及补给特征进行识别，进而分析地下水的循环特征。

　　其中，1# 剖面位于银川市。银川市作为宁夏经济社会发展核心区，为明确地下水循环模式，指导经济社会良性循环，在充分收集国家监测资料的基础上，补充实施控制不同深度的水文地质钻孔，建设

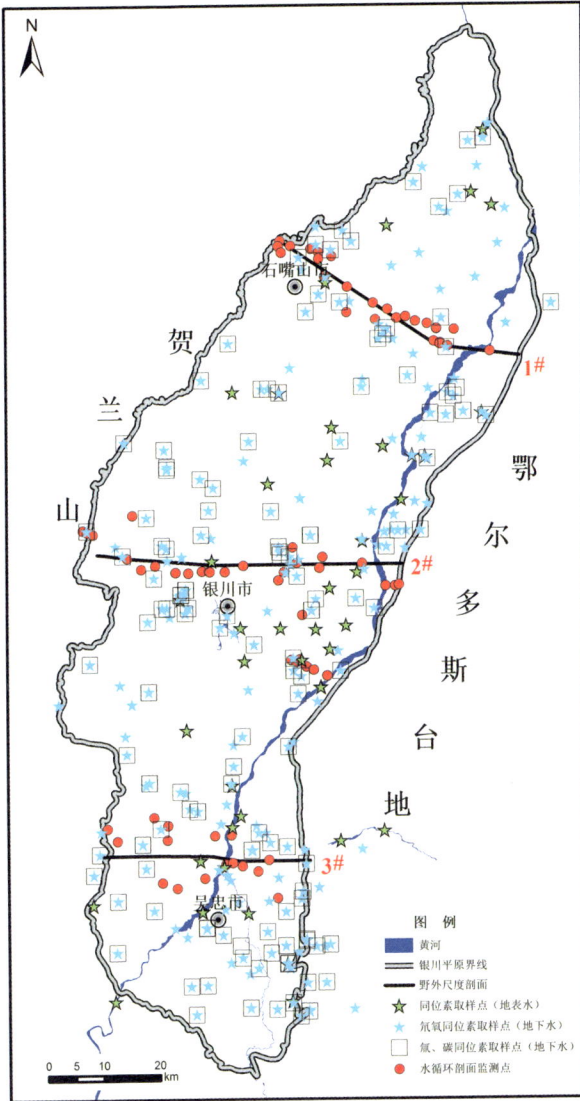

图 4-1　剖面位置及监测剖面部署

完成贯穿银川市自西部贺兰山前小口子向东止于黄河东岸月牙湖，依次穿越洪积扇、扇缘、二级阶地、一级阶地和黄河漫滩 5 个地貌单元，贯穿了银川平原中部东西向山前荒滩、湖泊湿地、灌溉耕地和河流湿地 4 种不同生态环境类型，并穿越了银川平原中部代表性湖泊——阅海湖（天然—人工复合型湖泊）。通过对地下水位、电导率、温度进行长期观测，可完整地揭示地下水从补给区、径流转化区到消亡区的水文过程和地下水与地表水的多次转化机制，解析地下水对湖泊的补给贡献量。进而指导地下水资源合理开发利用，促进生态环境保护与社会经济发展良性循环。

2# 剖面位于石嘴山市，自山前洪积扇向东穿过黄河后止于陶乐镇，全长 48 km。该剖面在大武口区穿过星海湖国家湿地公园，主要揭示银北地区地下水的补给排泄机理及其与湖泊湿地之间的转化关系。

3# 剖面自青铜峡市西北姜家桥向东穿过黄河后止于灵武市东塔乡，全长约 37 km。该剖面主要揭示青铜峡洪积扇单一潜水与多层结构潜水—承压水的补给与排泄机理。

4.1 银川平原中部（1# 剖面）地下水循环

为查明银川平原中部地下水循环模式，于 2018 年 4—5 月在 1# 剖面上的泉、地表河湖及不同深度的钻孔中进行水化学和同位素样品采集。

4.1.1 氢氧稳定同位素特征

稳定同位素已广泛用于确定地下水的来源。根据化验结果，1# 剖面地表水中 δD、$\delta^{18}O$ 值分别在 $-68‰\sim-14‰$，$-9.6‰\sim2.1‰$ 之间；地下水中 δD、$\delta^{18}O$ 值分别在 $-89‰\sim-41‰$，$-12‰\sim-3.4‰$ 之间。

水在循环过程中，由于氢、氧同位素的分馏作用，大气降水中的

δD 和 $\delta^{18}O$ 值之间呈线性关系。Craig 等基于全球的大气降水稳定同位素数据，建立了 δD 和 $\delta^{18}O$ 值之间的关系线，即全球大气降水线（简称"GMWL"）：$\delta D = 8\delta^{18}O+10$。但各个地区由于受地方气候、水汽来源等各种因素影响，各地区的大气降水线（LMWL）并不相同，主要表现在当地雨水线的斜率以及截距的差异上，各地区降水线的斜率及截距均随空气湿度的增大而增大。根据以往工作成果，银川地区大气降水线方程为：$\delta D = 7.28\times\delta^{18}O + 5.76$。从银川地区大气降水线可以看出，当地雨水线斜率为 7.28，小于全球大气降水线（GMWL）斜率 8；大气降水中氘盈余为 5.76‰，小于 10‰，当地大气降水线的斜率及截距均小于全球大气降水线的斜率及截距，反映了银川平原干旱的气候特征。苏小四等根据黄河沿线 δD 和 $\delta^{18}O$ 数据，得出黄河水中 δD 和 $\delta^{18}O$ 的线性方程：$\delta D = 4.66\times\delta^{18}O -22.75$。

　　利用在剖面上采集的地表水、不同深度地下水及泉水的 δD、$\delta^{18}O$ 实测结果绘制 δD-$\delta^{18}O$ 关系图（图 4-2）。将取样结果与当地降水线及黄河水线进行对比分析，发现 1# 剖面采集的水样可分为 4 组（A 组，B 组，C 组，D 组）。其中同位素组成贫化程度最高的 A 组水样主要来自黄河西部深达 100 m 以上的山前洪积扇和冲洪积平原，该地区地下水 D 和 ^{18}O 含量比泉水低，表明该区地下水的补给区高度高于泉水，山前洪积扇深部地下水接受古水补给。相反，黄河以东深度 30 m 以内的河湖积平原区的地下水样品主要集中在 C 组，地下水样品中 D 和 ^{18}O 含量大于黄河水，表明该地区地下水直接接受现代水的补给，且补给之前受到明显的蒸发影响。B 组地下水样品取自黄河以西河湖积平原及冲洪积平原区 30 m 深度以内的地下水，样品的同位素组成介于 A 组和 C 组之间，且与 B 组相关的地下水表现出与黄河相似的同位素组成，表明 B 组地下水接受来自黄河水的大量补给，这与该地区地下水主要接受引黄灌溉水入渗补给相一致。此外，湖泊水样基本位于黄河水线附近，说明湖泊水主要来自黄河水补给，这与银川平原湖泊大多为人工—自然型一致，位于阅海湖西岸的YH01-1孔的同位素特征与其他地下水样品存在明显差异，进一步说明了阅海湖对周围地下水的补给作用。D组样品D和 ^{18}O 含量明显不同于其他样品，δD值相对较低，这表明这些水域的来源和演化有些独特。

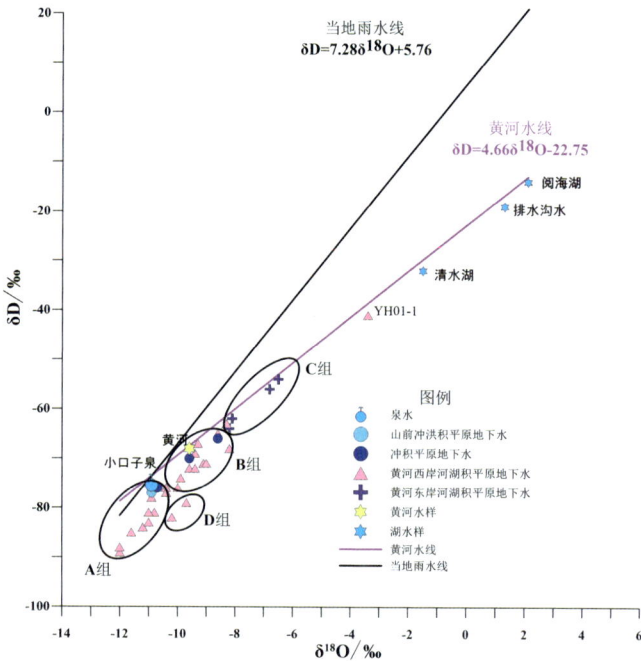

图4-2　1$^{#}$剖面各水体δD—δ^{18}O关系

4.1.2　1$^{#}$剖面地下水补给环境识别

根据氘氧同位素分布图（图4-2）将剖面不同深度地下水补给环境分为4个区，4个分区地下水在D、^{18}O关系图上及剖面上明显位于不同的位置（图 4-3，Ⅰ区、Ⅱ区、Ⅲ区、Ⅳ区），反映其不同的补给来源。Ⅰ区地下水氘氧同位素明显偏负、Ⅲ区地下水氘氧同位素明显偏正，反映其不同的补给来源。Ⅰ区地下水与小口子泉水相比偏负，反映其来自更深循环的地下水的补给，且此循环地下水影响深度及范围为细粒带前缘 30 m 深度以下，水平方向延伸至贺兰县习岗镇一带，说明贺兰山对银川平原盆地西部浅层及深层地下水的补给较为明显。Ⅱ区、Ⅲ区地下水样点均分布在黄河水 D、^{18}O 同位素关系线附近，反映这些地下水补给来源大部分来自于黄河水，这与实际中大面积引黄灌溉相符合。Ⅲ区地下水氘氧同位素与黄河水接近，但比黄河水偏正，反映其接受补给的黄河水经过强烈的蒸发作用，河东地区地下水径流调节较差，且水位埋深较浅，蒸发作用较强。Ⅱ区地下水氘氧同位素与黄河水基本一致，且阅海湖周围样点除 YH01-1 外，其他均分布于此区域，反映阅海湖周围地下水接受引黄灌溉黄河水渗漏补给，而 YH01-1 样点靠近阅海湖反映了阅海湖周围地下水接受阅海湖补给。

4.1.3　剖面水化学特征

（1）pH 值

为了进一步确定区域水循环的特征，我们选取水化学数据进行分析。发现泉水和地下水的 pH 值在 6.12 ~9.16 之间，处于中性—微碱性的范围内。黄河水和湖泊水呈碱性，pH 值为 8.25 ~ 8.39。地下水的 pH 值随着径流路径的增大而逐渐增大。同样，地下水样品的 TDS 也存在这种现象。

（2）TDS

地下水溶解性总固体（TDS）是反映一个地区地下水水质好坏的重要指标，根据 TDS 值高低可以将地下水分为淡水、微咸水和咸水。

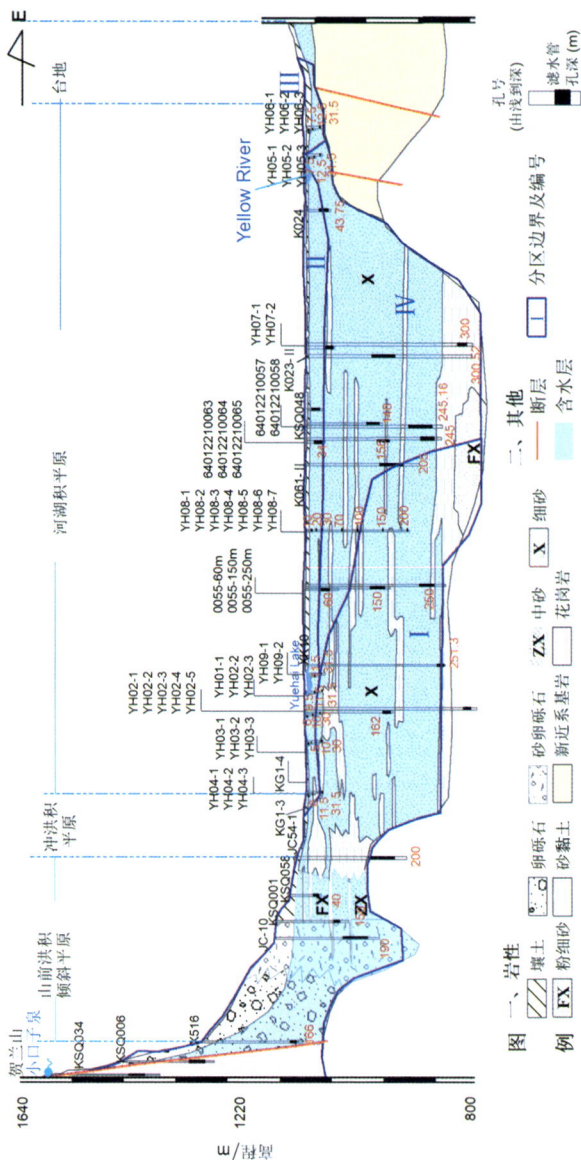

图 4-3　平原中部 1# 剖面地下水补给环境示意图

理论上，在水平方向上，地下水自山前倾斜平原前缘径流至中部冲积平原及河湖积平原，随着地下水循环更替能力递减，径流减缓，TDS 值呈逐渐增大趋势；在垂直方向上，深层地下水受外界因素影响较小，随着地下水埋藏深度的增加变小，地下水水质逐渐变好。

　　根据剖面不同深度地下水取样结果，绘制 1# 剖面地下水 TDS 含量等值线（图 4-4），可以看出，芦花台以西，地下水水质整体较好，TDS 含量小于 1000 mg/L。从阅海湖向东至正源街一带，地下水水质总体较差，TDS 含量大于 3000 mg/L，浅层地下水水质较差，深部地下水水质较好，这与深部地下水主要接受山前洪积平原侧向补给特征相一致。向东至贺兰县潘昶乡西部，地下水水质相对较好，TDS 含量大都在 1000~3000 mg/L。该地区地下水浅层水质较好，深部水质较差，分析其原因可能与浅层地下水受灌溉水补给，而深部处于整个剖面地下水相对径流滞缓区的关系较大。潘昶至黄河西岸，地下水径流滞缓，地下水水质相对较差，TDS 含量大于 3000 mg/L。黄河东岸第四系含水层地下水水质相对较好，TDS 含量大都在 1000~3000 mg/L，这与该地区主要接受黄河水直接补给和引黄灌溉回渗补给一致，深部新近系基岩含水层地下水水质极差，TDS 含量大于 10000 mg/L，这与地层直接相关。

　　（3）rCl/rCa

　　图 4-5 进一步证实了银川平原中部地下水的径流特征。山前阅海湖以西地区地下水径流条件较好，rCl/rCa 值较低，阅海湖以东至贺兰县西部地下水径流条件较差；贺兰县浅层地下水径流条件相对较好，深部地下水径流条件较差，贺兰县东至黄河一带，地下水径流条件逐渐变差。

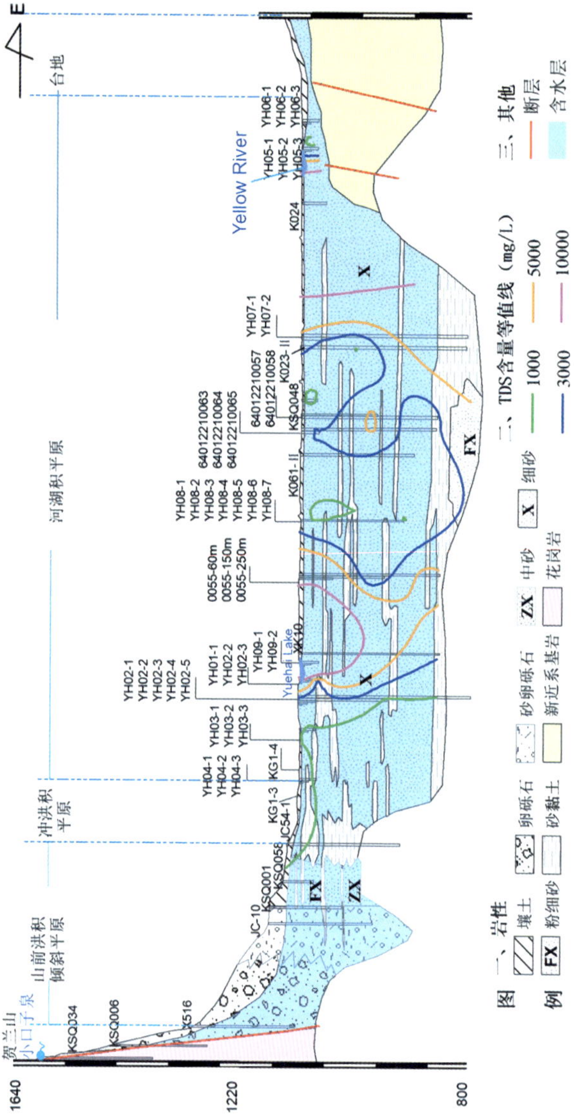

图 4-4　平原中部地下水 TDS 含量等值线

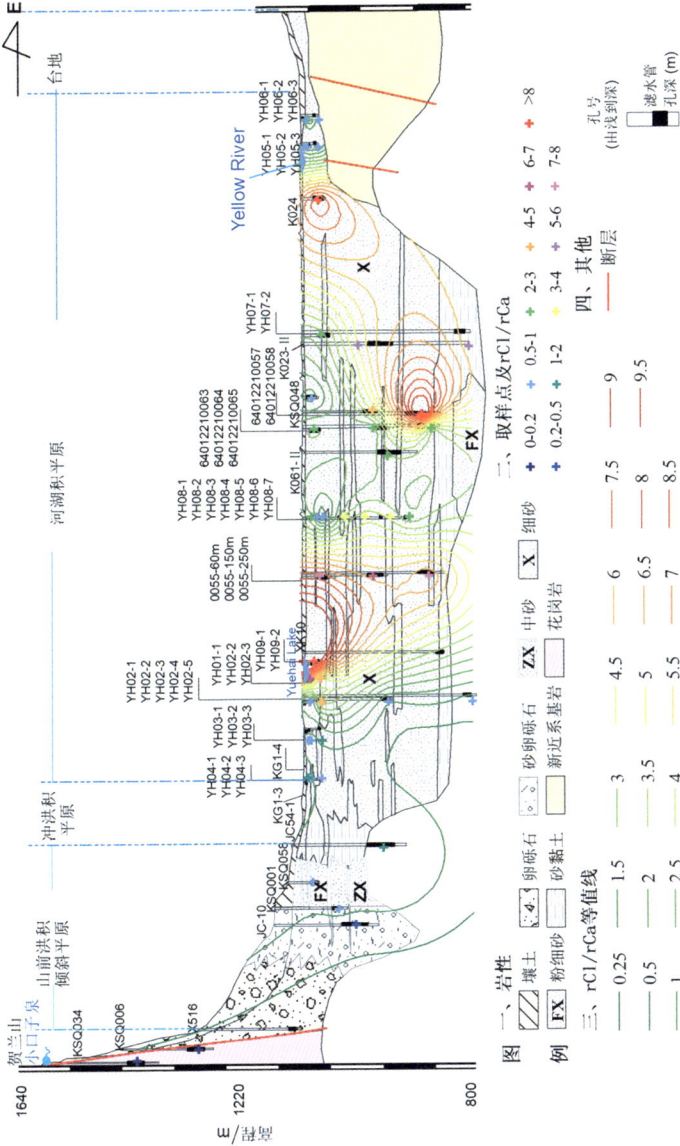

图 4-5　平原中部地下水 rCl/rCa 等值线

（4）Piper 三线图

为进一步查明剖面水化学演化特征，绘制了水化学 Piper 三线图和阴离子三角图（图 4-6），可以看出沿着地下水径流方向，在不同的水文地球化学作用下，地下水具有明显不同的水化学特征，可以很好地用来指示区域水循环。图 4-6（b）中可以看出，阅海湖以西（图 4-3，Ⅰ区）的地下水主要分布在 A 组，地下水水化学类型以 HCO_3-Ca 和 HCO_3-Ca-Mg-Na 型为主。图 4-3 中Ⅰ区位于阅海湖东部的地下水和图 4-3 中Ⅱ区的大部分地下水主要分布在图 4-6（b）的 C 组，即没有阳离子和阴离子占主导地位，表现出混合水的特征。此外，图 4-3 中Ⅱ区阅海湖周围浅层地下水的水化学特征与其他地区地下水明显不同，主要分布在图 4-6（b）的 E 组，水化学类型为 SO_4-Cl-Na 型。图 4-3 中Ⅲ区的地下水主要分布在图 4-6（b）的 B 组，地下水水化学类型主要是 HCO_3-SO_4-Ca-Mg-Na 型。图 4-3 中Ⅳ区的地下水主要分布在图 4-6（b）的 D 组中，类型主要为 Cl-SO_4-Na 和 Cl-SO_4-Na-Ca-Mg 型，表现出排泄区的水化学特征。

在河湖积平原西部阅海湖周围，为查明阅海湖及贺兰山地下水对平原区地下水的影响，在距离阅海湖 50 m，1000 m，3000 m 和 6000 m 处布置了不同深度的地下水监测孔组（YH01，YH02，YH03，YH04）。从图 4-6（b）中可以看出，在 YH04 和 YH03 孔组监测井中的地下水表现出与山前冲洪积平原地下水相似的水化学特征，表明远离阅海湖的地下水主要接受山前地下水的补给。相反，距离阅海湖最近的 YH01 和 YH09 孔中地下水具有与阅海湖相似的水化学特征，同时我们通过监测阅海湖湖水和周围地下水水位，发现阅海湖水头高于周围地下水，因此可以确定阅海湖周围 1 km 内的地下水主要接受阅海湖湖水补给，这一结论与阅海湖主要接受人工补给相一致。此外，

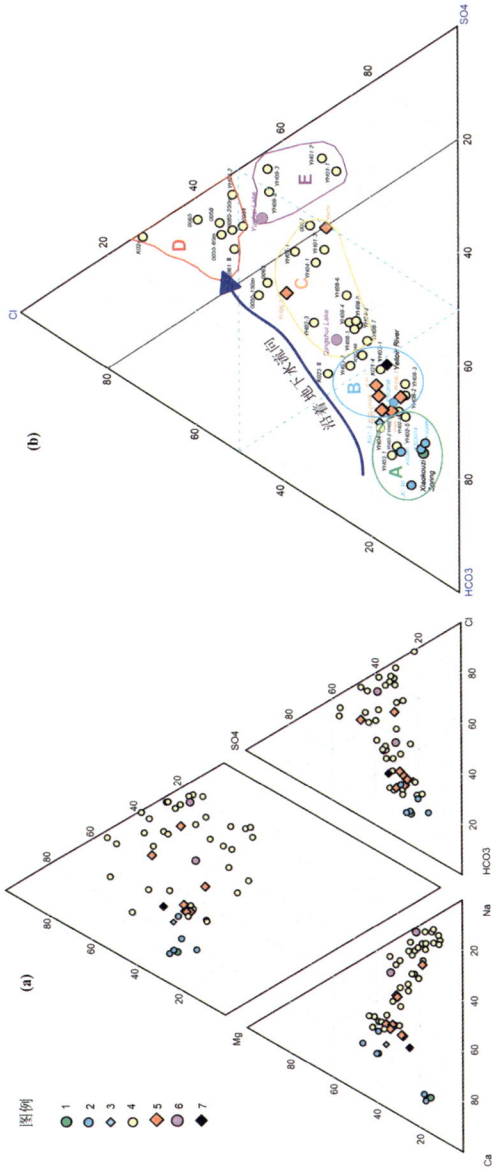

图 4-6 水化学 Piper 三线图及阴离子三角图

①小口子泉水样；②山前洪积扇区地下水样；③冲洪积平原地下水样；④黄河以西的河湖积平原地下水样；⑤黄河以东河湖积平原地下水样；⑥湖水样；⑦黄河水样。

YH02 孔组中深度超过 100 m 的 YH02-4 和 YH02-5 孔中的地下水与浅层地下水（<30 m）的样品相比具有显著不同的水化学特征，表明该地点的浅层和深层地下水由于该地区的地下水流模式，它们有不同的来源。

（5）Gibbs 图

地下水的化学特征受到许多因素的影响，包括地层物质的岩性、补给水的原始成分、径流条件、气候条件和人类活动等。Gibbs 图（图 4-7）用于研究控制地下水水化学的自然地球化学过程，如大气降水、水—岩相互作用和蒸发—浓缩过程（Gibbs 1970）。利用 Gibbs（1970）图确定了研究区地下水循环过程中主要受两种地球化学过程控制：蒸发—浓缩和水—岩相互作用。地下水自西向东水化学过程由以水—岩相互作用为主逐渐转变为以蒸发—浓缩作用为主。黄河西部山前洪积扇和冲洪积平原的泉水和地下水样品以水岩相互作用为主，本区泉水和地下水中的离子主要来源于岩石风化作用。在黄河以西的河湖积平原采集的水样可分为两类：浅层地下水主要聚集在 Gibbs Plot 的右上角，说明这些区域的地下水化学主要受蒸发浓缩作用控制（Rakotondrabe et al. 2018）。相比之下，从深层采集的地下水样主要集中在中间偏右的部分。结合低 TDS 浓度和高 $Na^+ / (Na^+ + Ca^{2+})$ 比率表明，阴离子在这些领域主要是来源于水岩相互作用，而阳离子主要受蒸发过程的影响。水样在空间上的分布使水体的地球化学由水岩作用活动控制逐渐转变为以蒸发结晶作用控制为主。

（6）$(Ca^{2+} + Mg^{2+}) - (SO_4^{2-} + HCO_3^-)$ 和 $(Na^+ + K^+) - Cl^-$

水体中的 $(Ca^{2+} + Mg^{2+}) - (SO_4^{2-} + HCO_3^-)$ 和 $(Na^+ + K^+) - Cl^-$ 的毫克当量浓度之间的关系可用来表征水样中离子交换的程度。从图 4-8 可以看出，几乎所有的水样都位于 -1:1 线附近，说明地下水在流动过程中发生了离子交换。这与含水层中黏性土、细粒土和化学活性土的广泛分布一致。较大的阳离子交换区与径流速度较低的区域有关。虽然对 Na^+ 交换的控制还不完全清楚，但阅海湖周围的地下水主要从地层中获得了 Na^+，而 IV 区（图 4–3）的地下水主要损失了 Na^+，说明这与地下水的来源和流动方式有关。

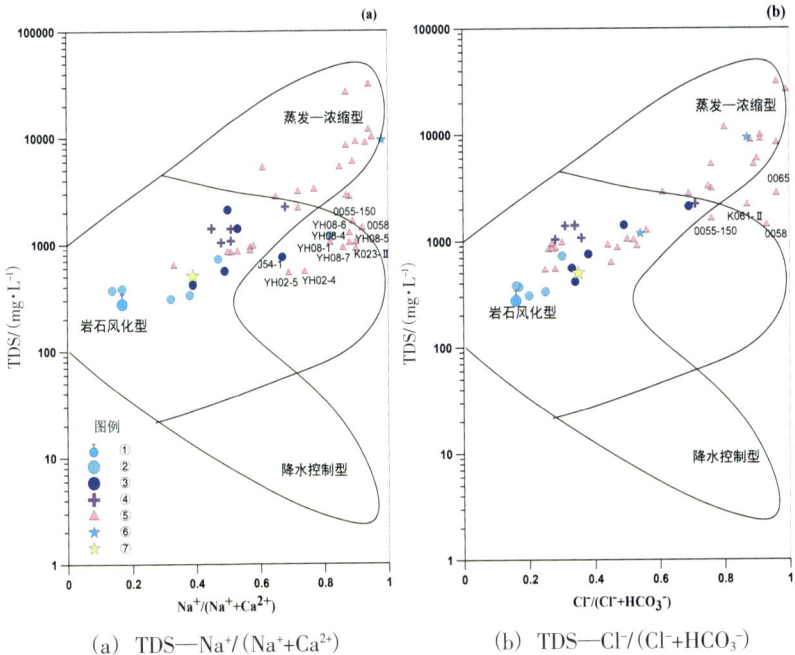

(a) TDS—$Na^+/(Na^++Ca^{2+})$　　(b) TDS—$Cl^-/(Cl^-+HCO_3^-)$

①小口子泉水样；②山前洪积扇区地下水样；③冲洪积平原地下水样；④黄河以西的河湖积平原的地下水样；⑤黄河以东河湖积平原地下水样；⑥湖水样；⑦黄河水样。

图 4–7　展示地下水演化机制的 Gibbs 图

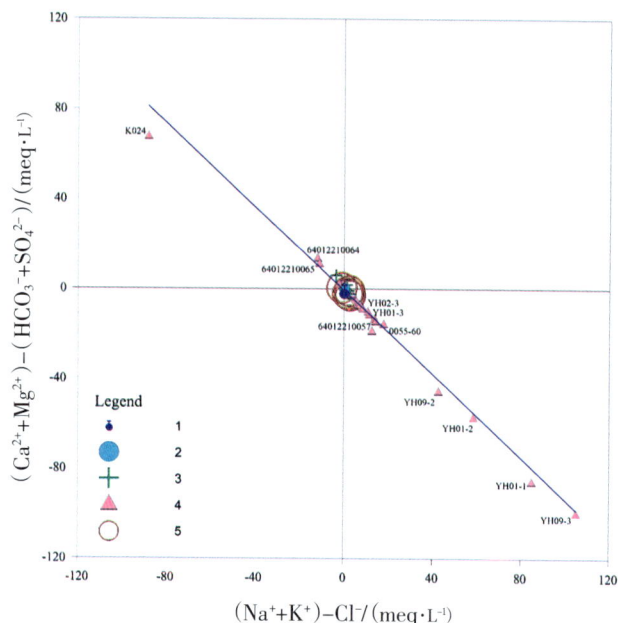

①小口子泉样本；②山前洪积扇区地下水样；③冲洪积平原地下水样；
④黄河以西的河湖积平原的地下水样；⑤黄河以东河湖积平原地下水样。

图4-8　泉水和地下水中（$Ca^{2+}+Mg^{2+}$）–（$SO_4^{2-}+HCO_3^-$）和（Na^++K^+）–Cl^-的关系

4.1.4　剖面地下水动态特征

　　为进一步查明不同地貌单元地下水位变化情况，结合 1# 剖面，自西向东选择不同的地下水位监测孔进行分析（图4-9），得出以下结论。

　　潜水：沿着 1# 剖面自西向东，贺兰山山区 G1 孔潜水，自 1999 年开始，水位持续上升；至镇北堡一带，潜水水位持续下降；北郊水源地附近 J114、X065、G15 孔潜水水位多年基本保持稳定，阅海湖附近 G16 孔潜水水位多年基本保持稳定，稍微上升；至东部冲湖积平原区，潜水水位相对平稳，变化幅度较小。

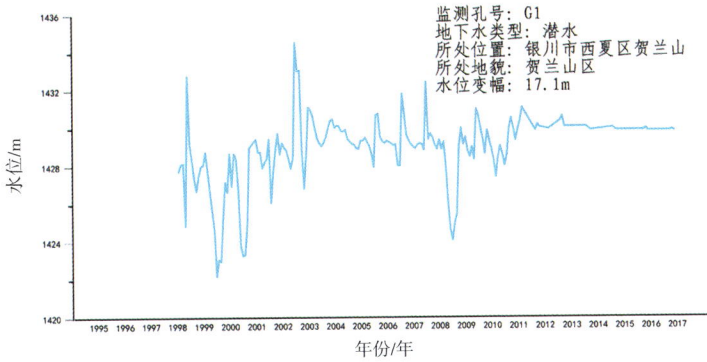

监测孔号：G1
地下水类型：潜水
所处位置：银川市西夏区贺兰山
所处地貌：贺兰山区
水位变幅：17.1m

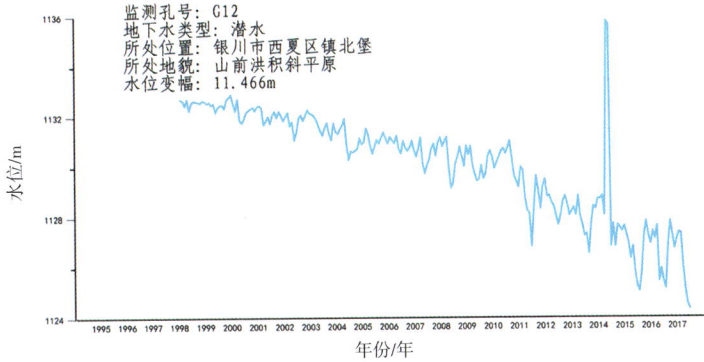

监测孔号：G12
地下水类型：潜水
所处位置：银川市西夏区镇北堡
所处地貌：山前洪积斜平原
水位变幅：11.466m

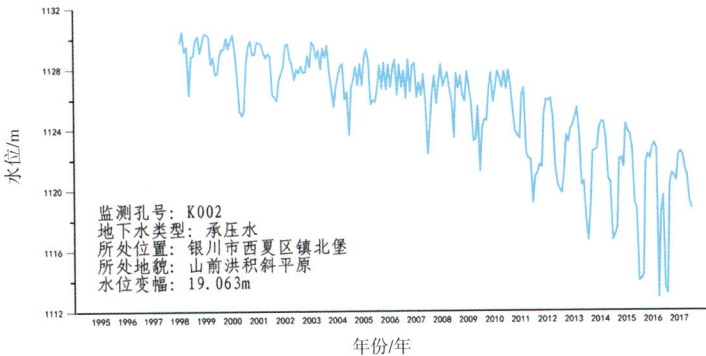

监测孔号：K002
地下水类型：承压水
所处位置：银川市西夏区镇北堡
所处地貌：山前洪积斜平原
水位变幅：19.063m

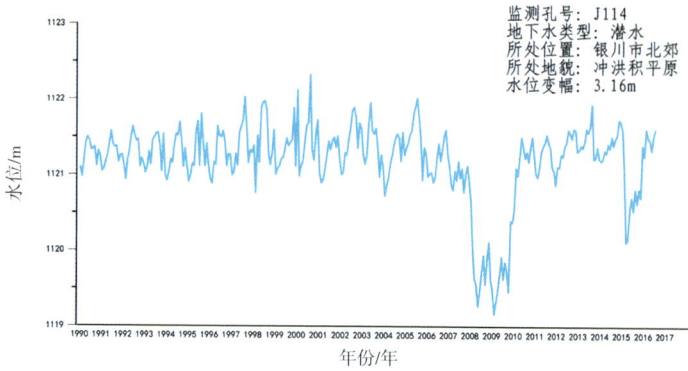

监测孔号：J114
地下水类型：潜水
所处位置：银川市北郊
所处地貌：冲洪积平原
水位变幅：3.16m

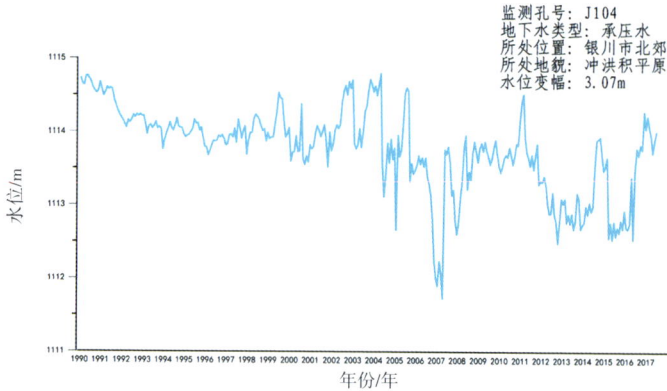

监测孔号：J104
地下水类型：承压水
所处位置：银川市北郊
所处地貌：冲洪积平原
水位变幅：3.07m

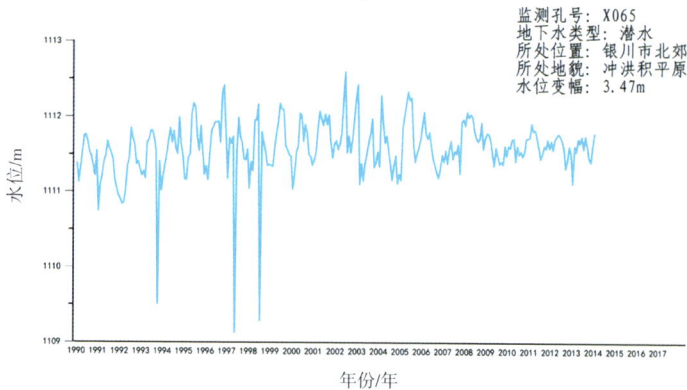

监测孔号：X065
地下水类型：潜水
所处位置：银川市北郊
所处地貌：冲洪积平原
水位变幅：3.47m

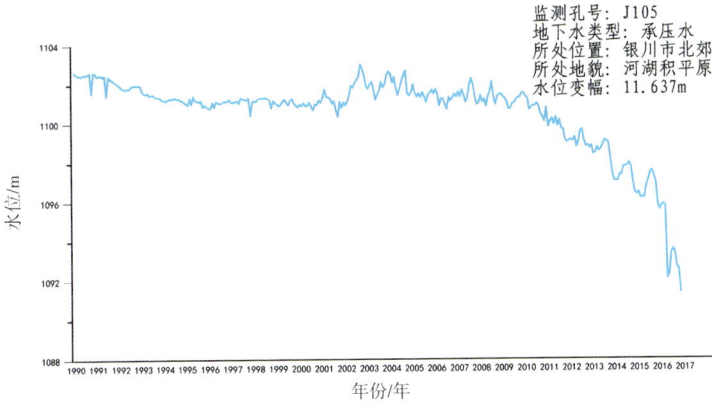

监测孔号：J105
地下水类型：承压水
所处位置：银川市北郊
所处地貌：河湖积平原
水位变幅：11.637m

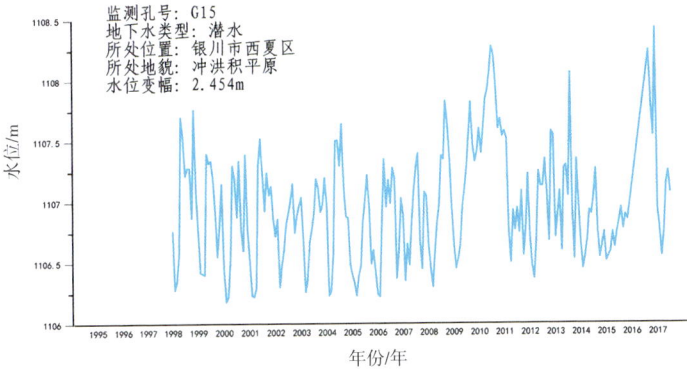

监测孔号：G15
地下水类型：潜水
所处位置：银川市西夏区
所处地貌：冲洪积平原
水位变幅：2.454m

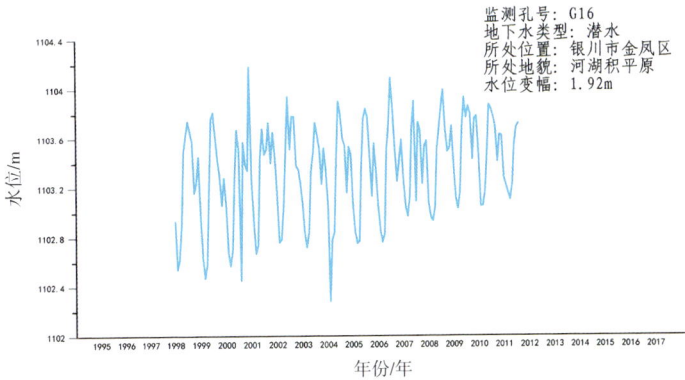

监测孔号：G16
地下水类型：潜水
所处位置：银川市金凤区
所处地貌：河湖积平原
水位变幅：1.92m

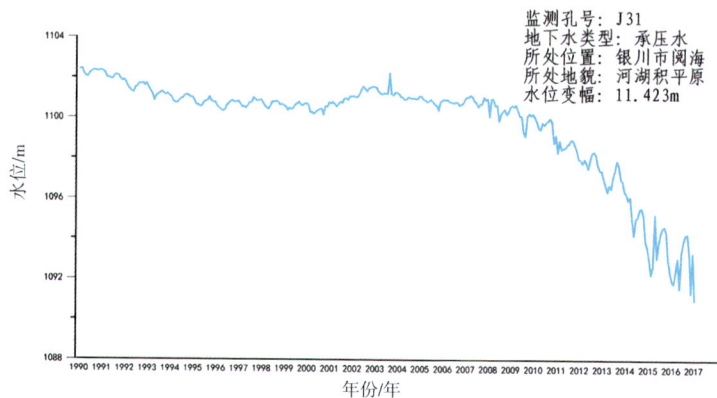

监测孔号：J31
地下水类型：承压水
所处位置：银川市阅海
所处地貌：河湖积平原
水位变幅：11.423m

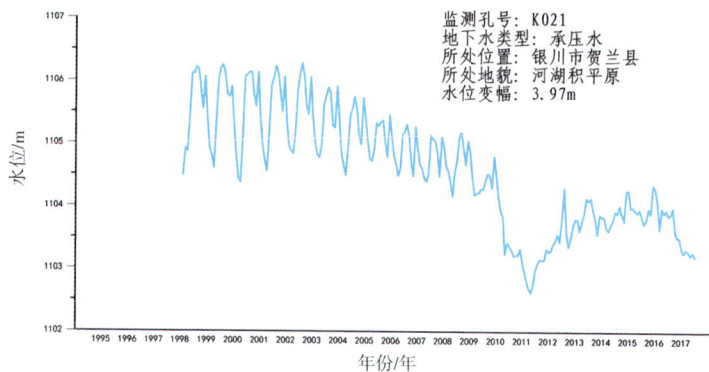

监测孔号：K021
地下水类型：承压水
所处位置：银川市贺兰县
所处地貌：河湖积平原
水位变幅：3.97m

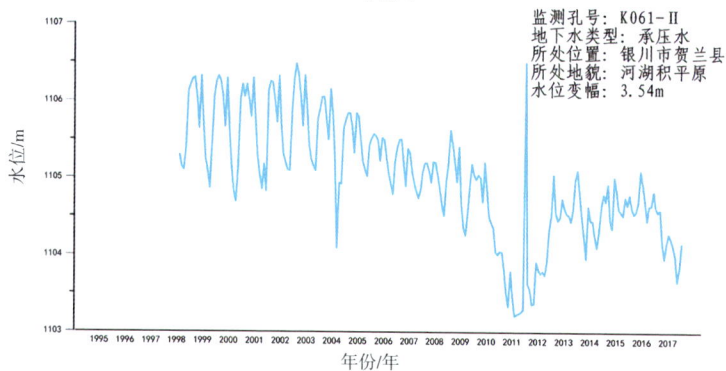

监测孔号：K061-II
地下水类型：承压水
所处位置：银川市贺兰县
所处地貌：河湖积平原
水位变幅：3.54m

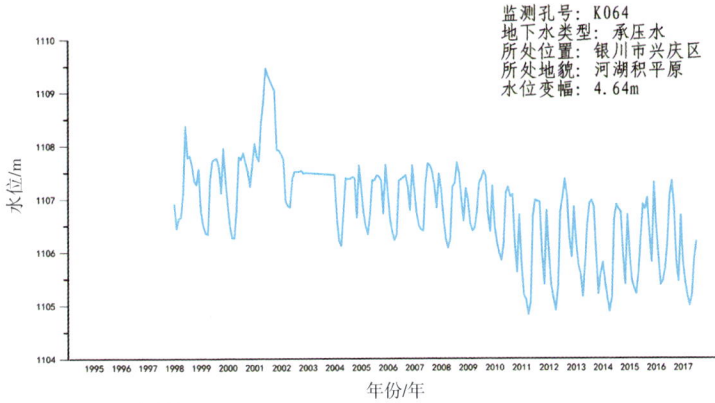

监测孔号：K064
地下水类型：承压水
所处位置：银川市兴庆区
所处地貌：河湖积平原
水位变幅：4.64m

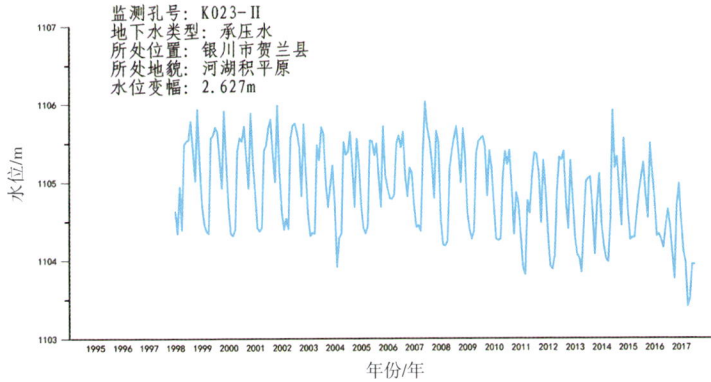

监测孔号：K023-Ⅱ
地下水类型：承压水
所处位置：银川市贺兰县
所处地貌：河湖积平原
水位变幅：2.627m

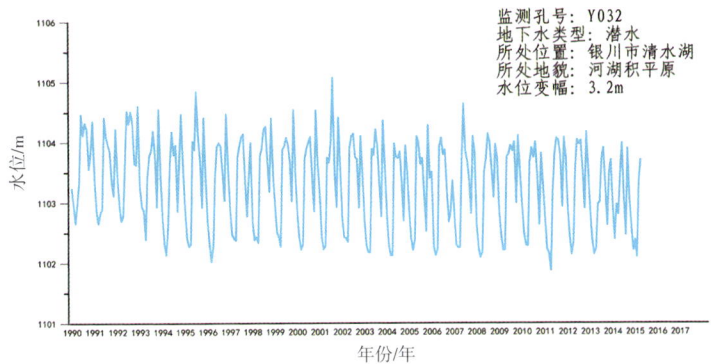

监测孔号：Y032
地下水类型：潜水
所处位置：银川市清水湖
所处地貌：河湖积平原
水位变幅：3.2m

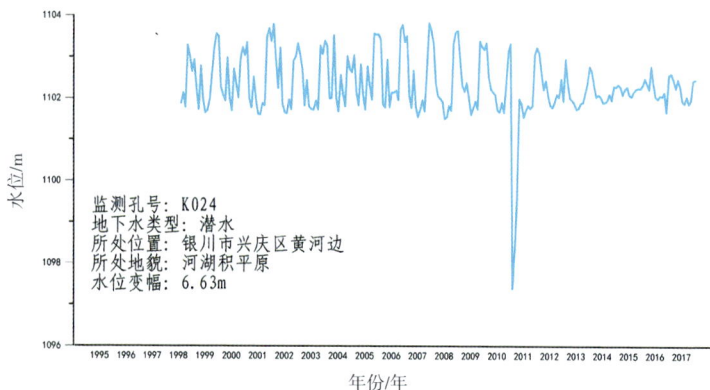

图 4-9 1#剖面附近自西向东潜水、承压水水位变化情况

可以看出，G1 孔地下水与平原区地下水属于不同的地下水系统；镇北堡一带可能受潜水开采及东部承压水水位下降影响，地下水水位下降；阅海湖附近由于受阅海湖补水影响，地下水位相对平稳且略有上升；东部平原区由于受灌溉入渗水影响，地下水位变幅相对较小。

承压水：可以看出，自西向东，承压水水位持续下降，且银川平原西部承压水水位下降幅度大于东部地区，北郊水源地周围承压水水位下降幅度较大，最大降幅达 11.637 m，其中 J31 孔承压水水位持续下降，自 2002 年开始水位下降速率加快。承压水水位持续下降，其中 J105 位于水源地范围内，下降幅度较大，自 2010 年开始水位下降速率加快，而 J104 相对下降幅度较小。向东至贺兰县一带承压水观测孔水位自 2002 年开始水位下降速率加快（K021、K061-II 与 K064），但整体水位变幅在 4 m 左右。

4.1.5 剖面水循环模式

根据平原中部 1# 剖面 52 口监测孔水位监测资料，绘制了中部区域地下水循环示意图（图 4-10）。由图可知，银川平原中部西干渠以

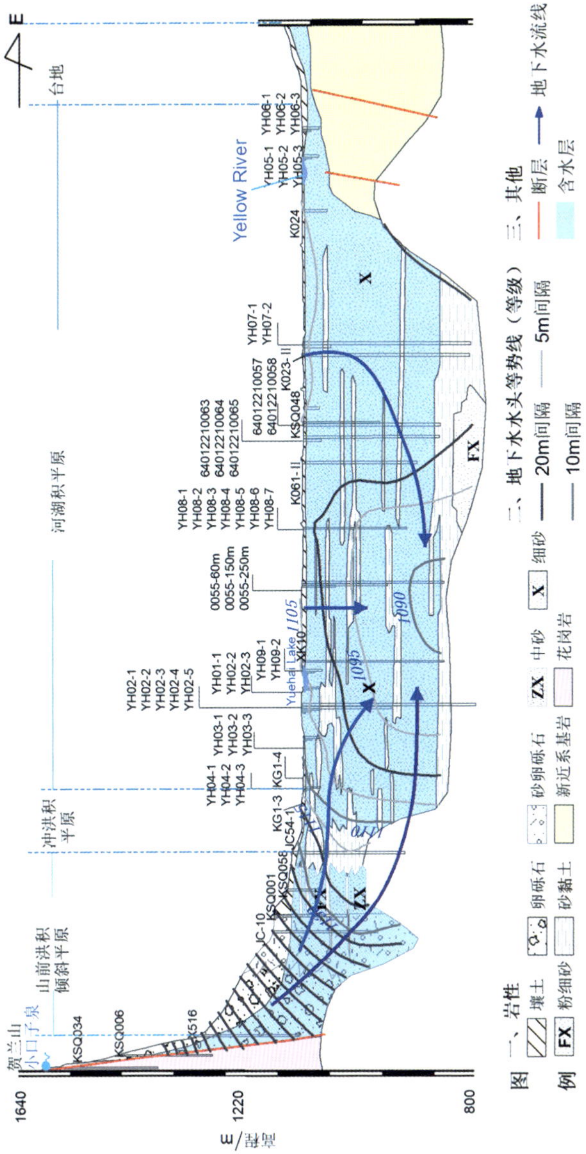

图 4-10　1# 剖面丰水期水循环示意图

西，地下水径流条件较好，水力梯度较大，径流迅速，地下水以水平向东部平原径流为主。

至西干渠一带，受细粒带影响，地下水径流受阻，除少量地下水通过上部透水层径流至东部，补给浅层地下水外，大部分地下水由于受黏土层阻挡，通过下部大厚度粗颗粒含水层径流至东部深层承压水。平原区浅层地下水整体径流条件较弱，在第二农场渠以西，由于受人工开采影响，地下水以垂向径流为主（潜水和承压水水头差约10m）。第二农场渠以东，地下水水平和垂向径流条件均较弱。在贺兰潘昶一带，存在区域地下水循环地下水分水岭，一部分向中部承压水补给，一部分向东部径流流入黄河。

4.1.6 基于剖面水循环的地下水水源地保护建议

水源地的合理规划开发是维持社会稳定、经济快速发展及生态环境良性循环的前提。近年来，随着城市建设、生态保护及城市供水的复杂性，合理调配供水实现多方面协调统一发展是目前亟须解决的科学问题。银川平原 1# 剖面自西向东穿过北郊水源地和东郊水源地，为进一步指导水源地合理规划，以 1# 剖面为例，进行说明。

（1）北郊水源地

北郊水源地为 1986 年勘探（图4-11），开采目的层为承压水，开采深度 50~180 m（承压水），通过对周围潜水及承压水观测孔水位动态分析（图4-12、图 4-13），发现开采目的层承压水在 1990—2010 年 20 年间，水位相对稳定，承压水水位总体下降约 2 m，2010 年以后，承压水水位下降明显，降速约 0.51~1.2 m/a，且有持续下降的趋势。

反观潜水水位多年来则处于相对稳定的状态，表明在阅海湖以西地区潜水和承压水水力联系极差，开采地下水主要来自山前侧向径流补给，这与同位素结果一致。但地下水水位持续下降，表明由于细粒带大厚度黏土层阻隔作用，来自山前地下水的补给量相对较小。

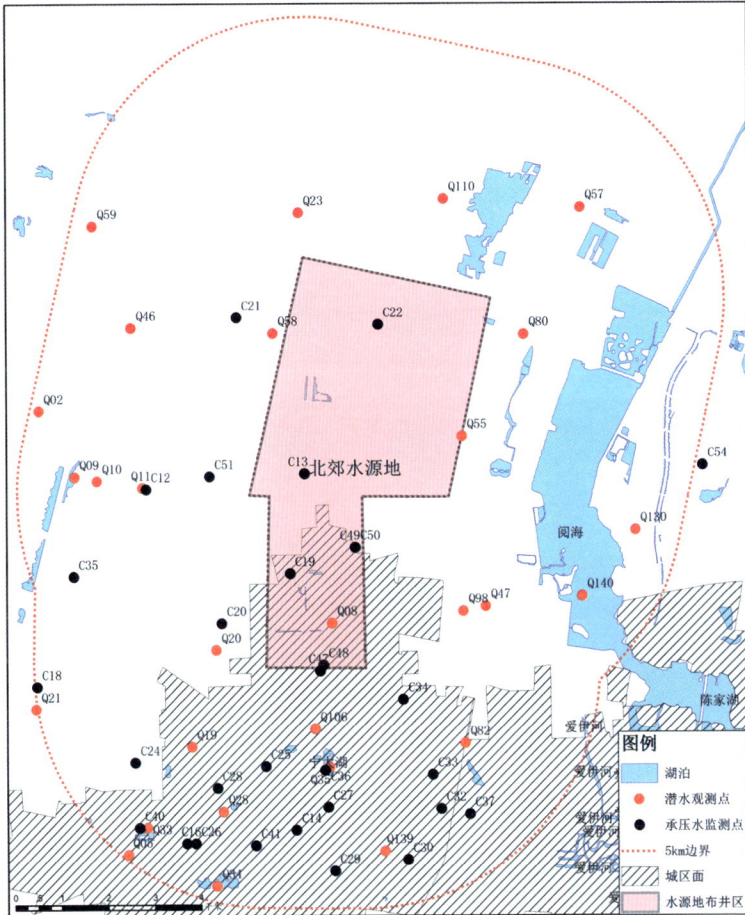

图 4-11　北郊水源地布井区及周围观测孔位置分布

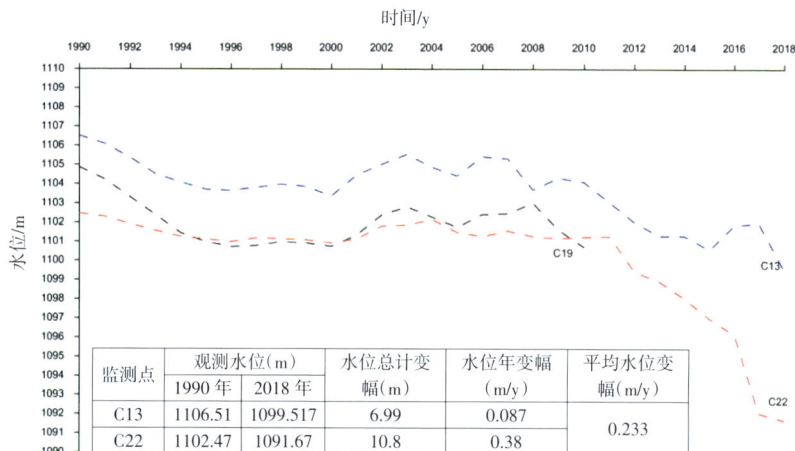

监测点	观测水位(m)		水位总计变幅(m)	水位年变幅(m/y)	平均水位变幅(m/y)
	1990 年	2018 年			
C13	1106.51	1099.517	6.99	0.087	0.233
C22	1102.47	1091.67	10.8	0.38	

图 4-12　北郊水源地周围承压水观测孔多年年均水位变化

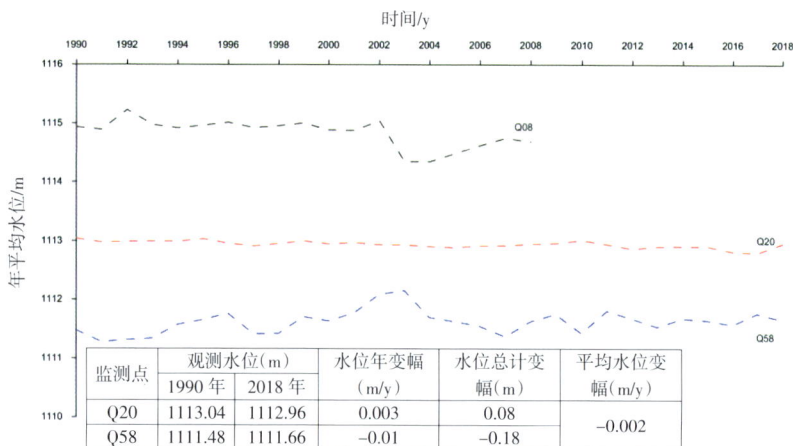

监测点	观测水位(m)		水位年变幅(m/y)	水位总计变幅(m)	平均水位变幅(m/y)
	1990 年	2018 年			
Q20	1113.04	1112.96	0.003	0.08	-0.002
Q58	1111.48	1111.66	-0.01	-0.18	

图 4-13　北郊水源地周围潜水观测孔多年年均水位变化

　　北郊水源地上部浅层地下水水位相对稳定，结合北郊水源地周围近几十年来土地利用变化情况（图 4-14），可以看出，1992 年，该区域主要为草地及林地，也有部分田地，水系分布也相对零散，主要在

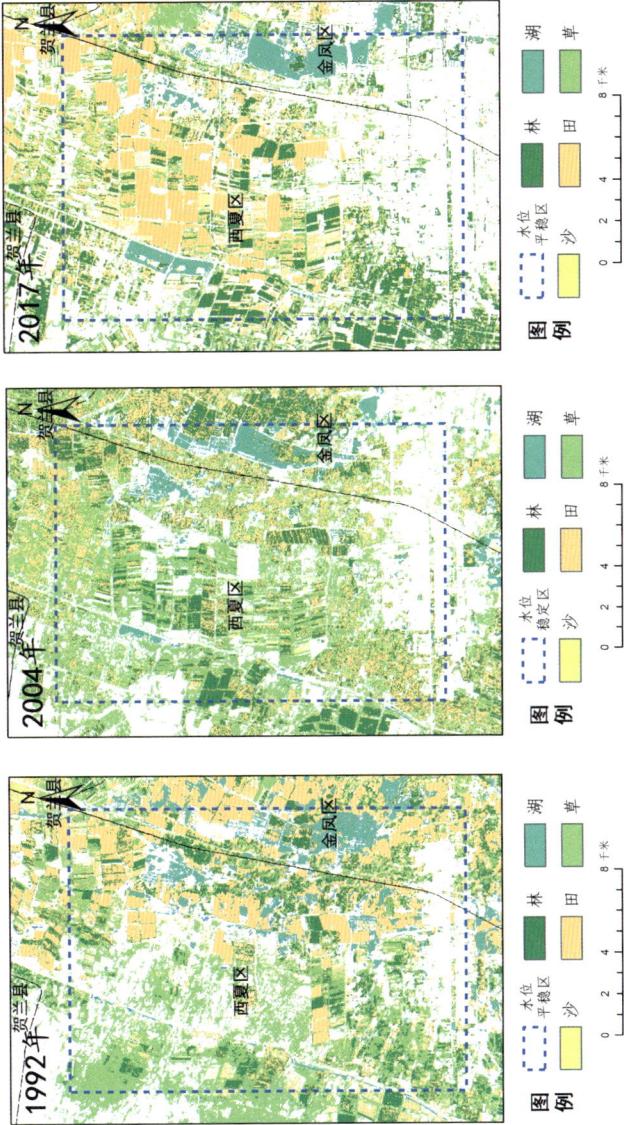

图 4-14　北郊水源地附近区域土地利用变化

西夏区与金凤区交界一带。到 2004 年，田地草地面积增加覆盖了原本的未利用区域，部分水域被田地所替代，位于阅海湖西侧的部分零散水系也因城市扩张而渐渐消失，但总体来讲地表水体分布区域变化不大。到 2017 年，西夏区城区范围进一步扩大，周边主要为林地及田地所围绕，地表水系则主要有镇北堡水库、阅海湖及西夏区北部的零星水系，地表水系面积与 2004 年相比相差不大。

北郊水源地评价允许降深为 45 m，且水源地开采对表层生态环境基本无影响，地下水中无超标离子存在，因此，预测开采年限内北郊水源地水量有保证，且不会对表层生态产生影响。

（2）东郊水源地

东郊水源地为 1994 年勘探，开采目的层为承压水，开采深度 60~180 m（承压水），通过对周围潜水及承压水观测孔水位动态分析（图 4-15、图 4-16、图 4-17），可以看出，与北郊水源地不同，东郊水源地潜水和承压水水位变化趋势基本一致。这与区域循环模式揭示的东部上下部水力联系密切一致，开采目的层承压水和上部潜水水位均于 2002 年开始处于下降状态，下降速率潜水为 0.106~0.35 m/a，承压水水位下降速率为 0.125~0.23 m/a（已有承压水监测井距离布井区相对较远，故下降速率相对较小）。

此外，对 20 世纪 90 年代以来东郊水源地周围地表水体进行解译（图 4-18、图 4-19、图 4-20、图 4-21、图 4-22、图 4-23），可以看出，随着水源地开采，潜水水位的下降，地表水体面积明显减少，截止 2018 年仅剩的几个主要湖泊也主要靠人工补水。

东郊水源地虽评价允许降深达 45 m，而目前开采状态下，地下水水位降深远小于允许降深，但并未考虑对上部表层生态的影响，因此，东郊水源地若持续开采，需考虑评价以蒸发极限埋深或维持表层生态良性循环为最大约束的允许开采量。

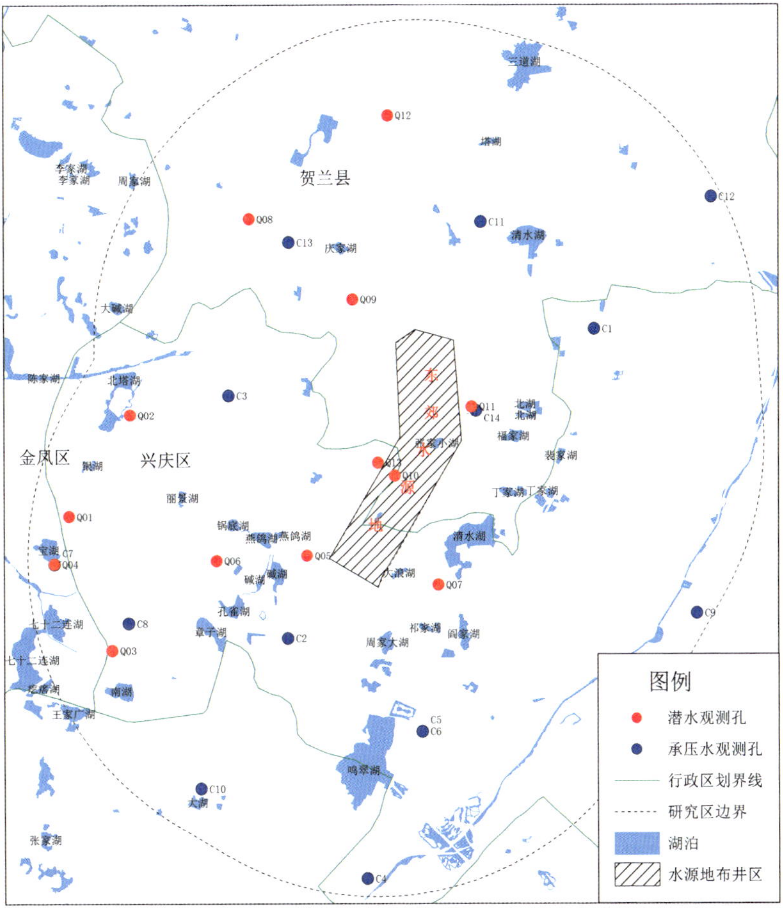

图 4-15 东郊水源地布井区及周围观测孔位置分布

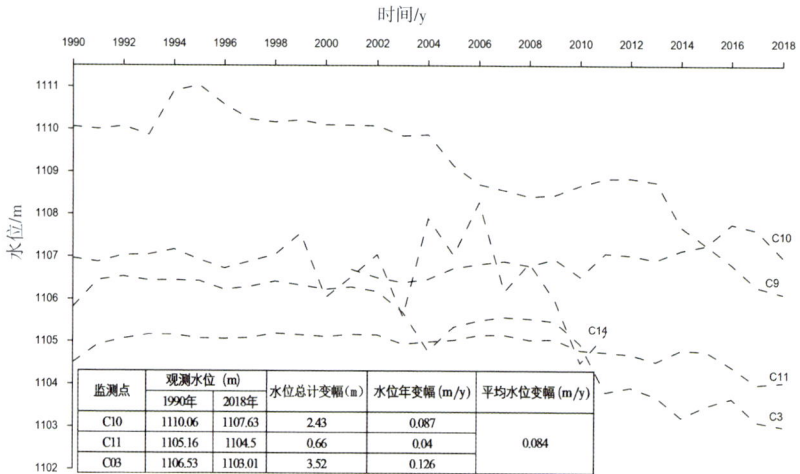

监测点	观测水位（m）		水位总计变幅（m）	水位年变幅（m/y）	平均水位变幅（m/y）
	1990年	2018年			
C10	1110.06	1107.63	2.43	0.087	
C11	1105.16	1104.5	0.66	0.04	0.084
C03	1106.53	1103.01	3.52	0.126	

图 4-16　东郊水源地周围承压水观测孔多年年均水位变化

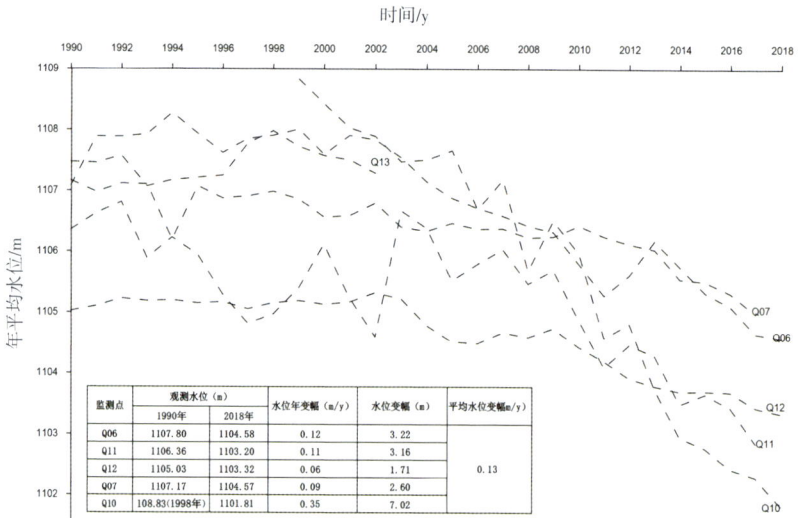

监测点	观测水位（m）		水位年变幅（m/y）	水位变幅（m）	平均水位变幅m/y）
	1990年	2018年			
Q06	1107.80	1104.58	0.12	3.22	
Q11	1106.36	1103.20	0.11	3.16	
Q12	1105.03	1103.32	0.06	1.71	0.13
Q07	1107.17	1104.57	0.09	2.60	
Q10	108.83(1998年)	1101.81	0.35	7.02	

图 4-17　东郊水源地周围潜水观测孔多年年均水位变化

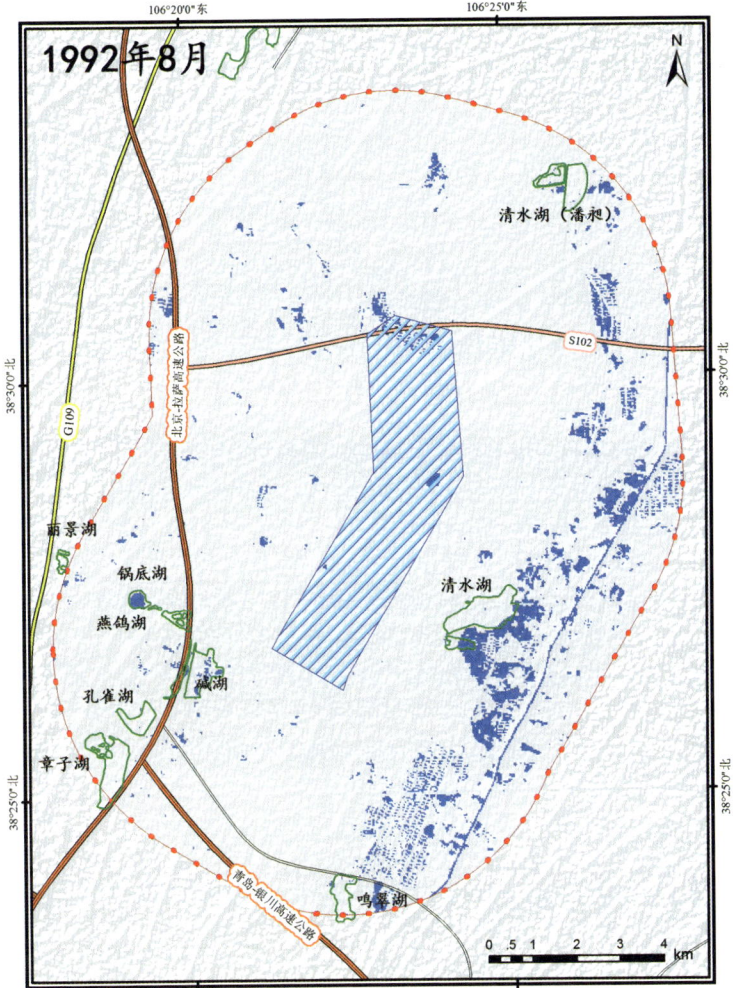

图 4-18　1992 年东郊水源地周围主要地表水体分布

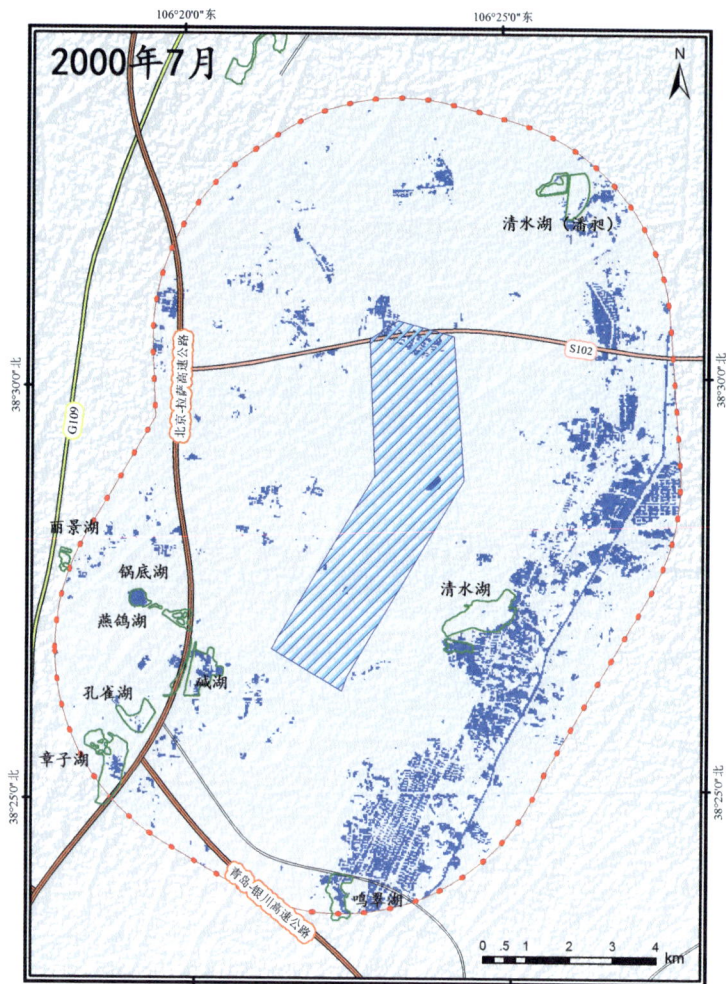

图 4-19　2000年东郊水源地周围主要地表水体分布

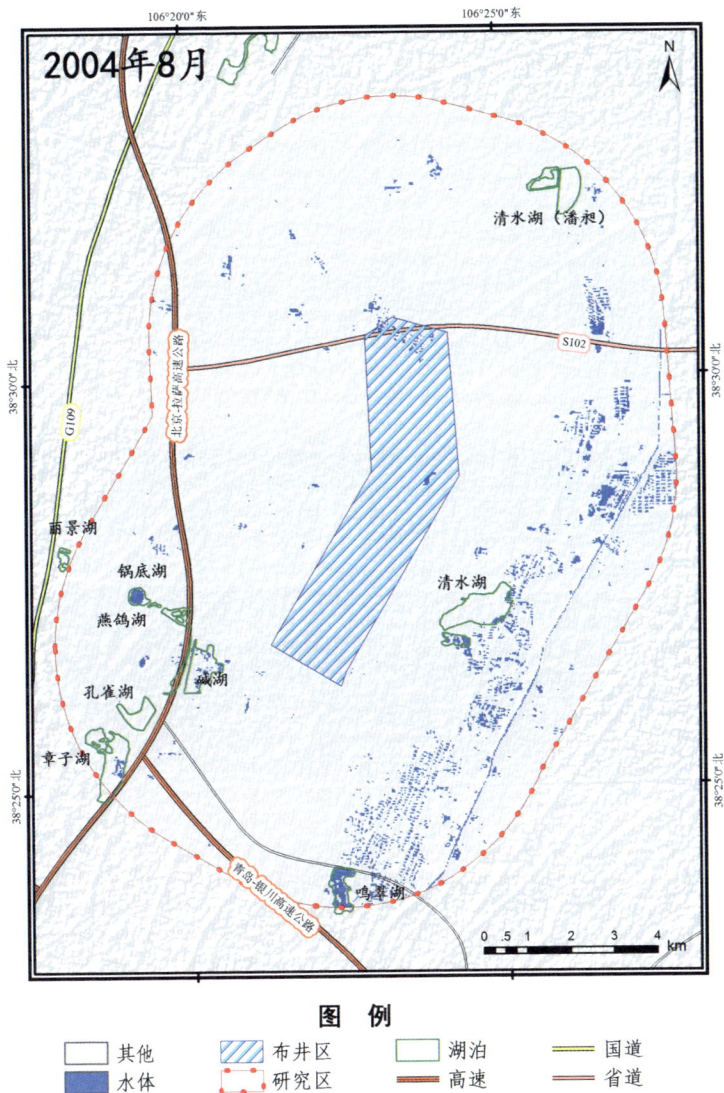

图 4-20　2004 年东郊水源地周围主要地表水体分布

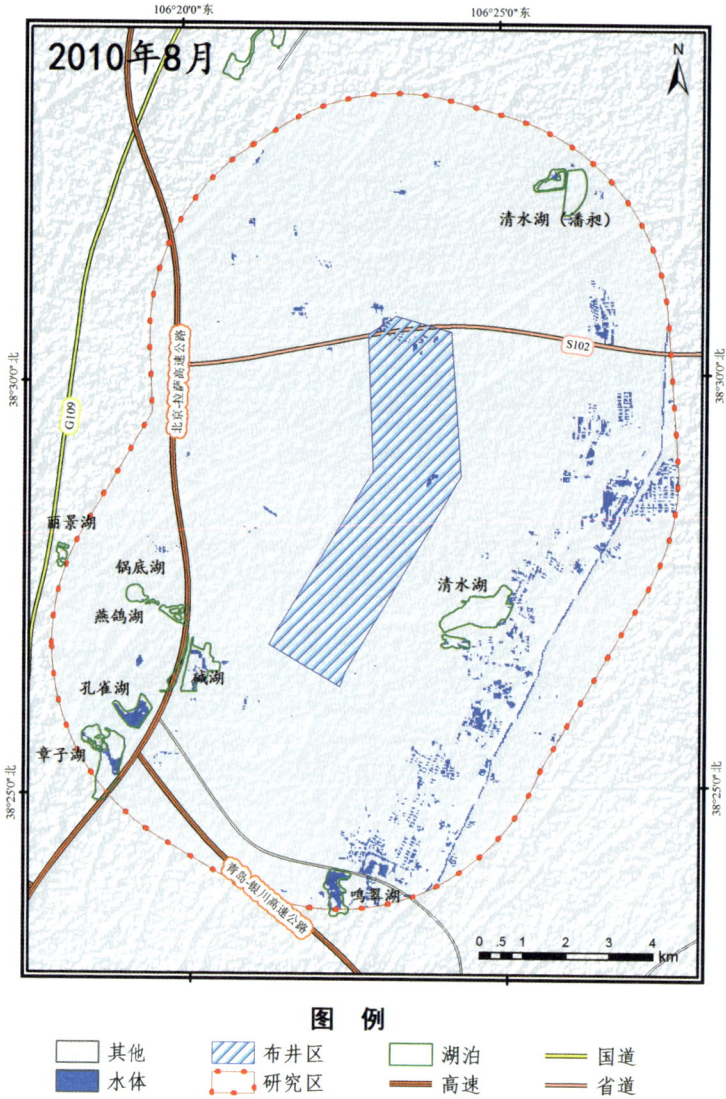

图 4-21　2010 年东郊水源地周围主要地表水体分布

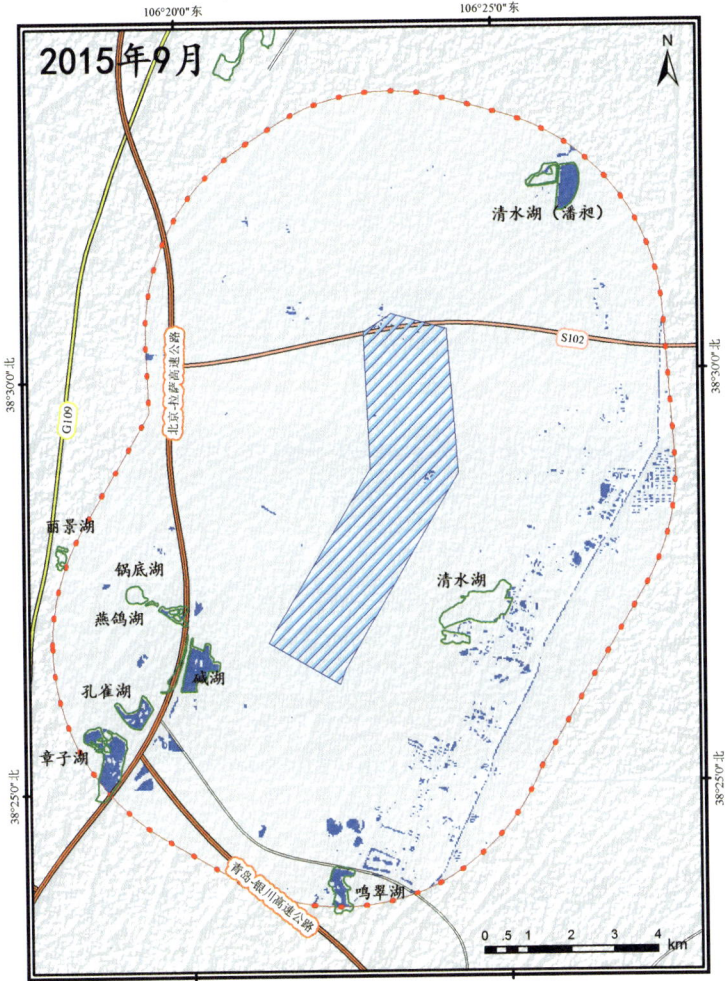

图 4-22　2015 年东郊水源地周围主要地表水体分布

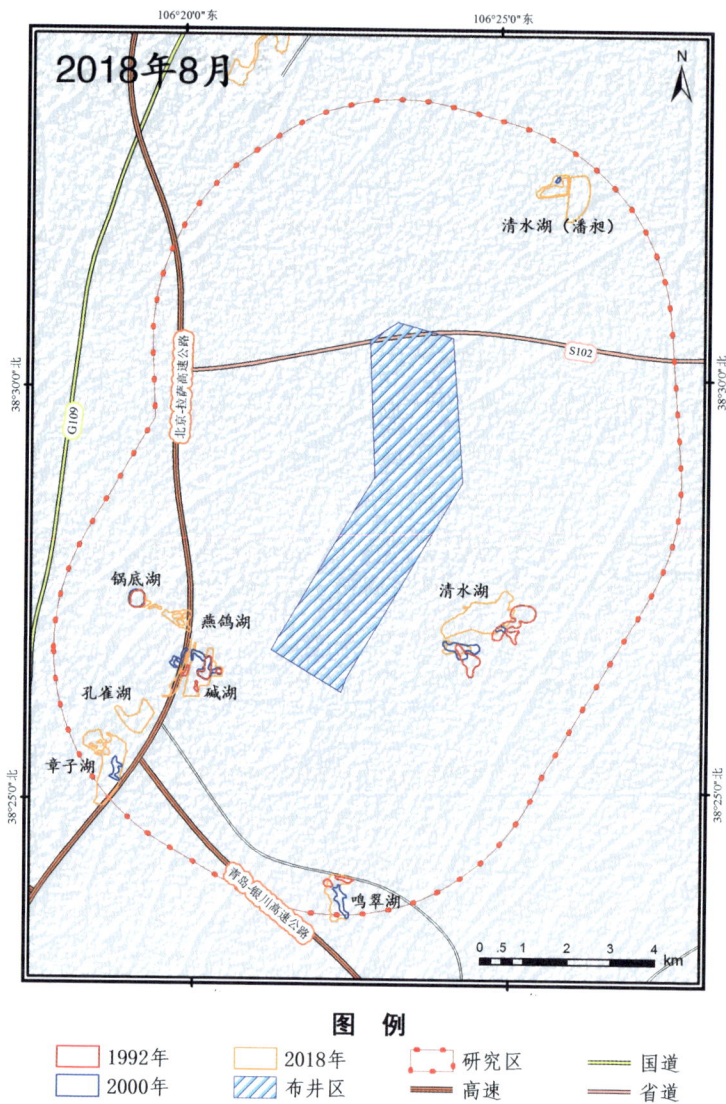

图 4-23 2018 年东郊水源地周围主要地表水体分布

4.1.7　地下水环境健康风险评价

　　为了更全面准确地对银川平原地下水环境健康风险水平做出评价，选取 2018 年丰、枯水期银川平原 1# 剖面 50 个水样中的氯化物、硝酸盐、氟化物、砷和六价铬浓度，对不同深度、不同地貌类型的地下水进行健康风险评价，结果见图 4–24 和图 4–25。

　　由图 4–24 可得出以下结论。①1# 剖面上所有采样点的成人和儿童总健康风险值均高于最高允许值（1×10^{-6}）。②儿童总健康风险值比成人总健康风险值高 1~2 个数量级，儿童面临的健康风险明显大于成人。③1# 剖面水平方向上，二级阶地和一级阶地的总健康风险值（成人和儿童）较高，不同地貌类型的总健康风险均值根据其大小排序如下。成人：一级阶地（6.94×10^{-5}）＞二级阶地（第二农场渠—惠农渠）（5.17×10^{-5}）＞二级阶地（阅海—第二农场渠）（4.43×10^{-5}）＞二级阶地（阅海以西）（3.99×10^{-5}）＞黄河以东（3.91×10^{-5}）＞三级阶地（西干渠—新开渠）（3.79×10^{-5}）＞贺兰山—西干渠（3.70×10^{-5}）。儿童：贺兰山—西干渠（1.23×10^{-3}）＞一级阶地（1.21×10^{-3}）＞黄河以东（1.15×10^{-3}）＞二级阶地（第二农场渠—惠农渠）（1.05×10^{-3}）＞二级阶地（阅海以西）（9.87×10^{-4}）＞三级阶地（西干渠—新开渠）（9.33×10^{-4}）＞二级阶地（阅海—第二农场渠）（8.35×10^{-4}）。④1# 剖面垂向上，水位埋深 50 m 以下的水中化学组分对成人和儿童健康危害较小，水位埋深 50 m 以上的总健康风险均值大小排序如下。成人：10~50 m（4.58×10^{-5}）＞0~10 m（4.54×10^{-5}）＞0 m（湖水、泉水、排水沟水样；3.76×10^{-5}）。儿童：0 m（1.65×10^{-3}）＞10~50 m（1.07×10^{-3}）＞0~10 m（9.77×10^{-4}）。

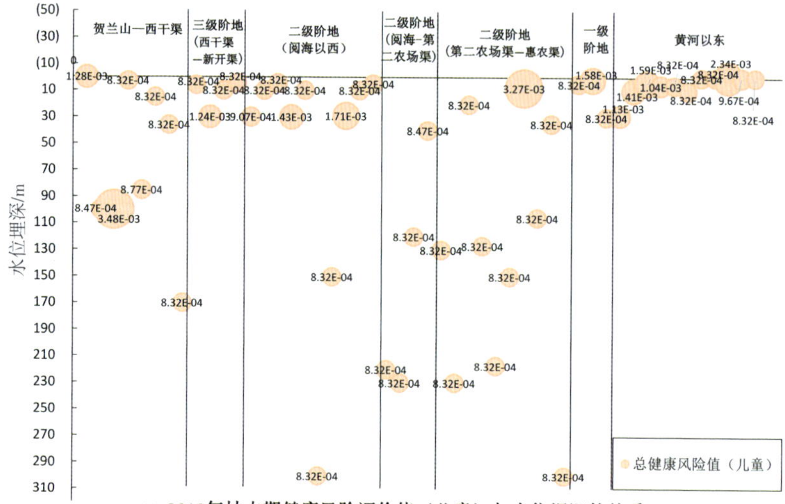

(a) 2018年枯水期健康风险评价值（儿童）与水位埋深的关系

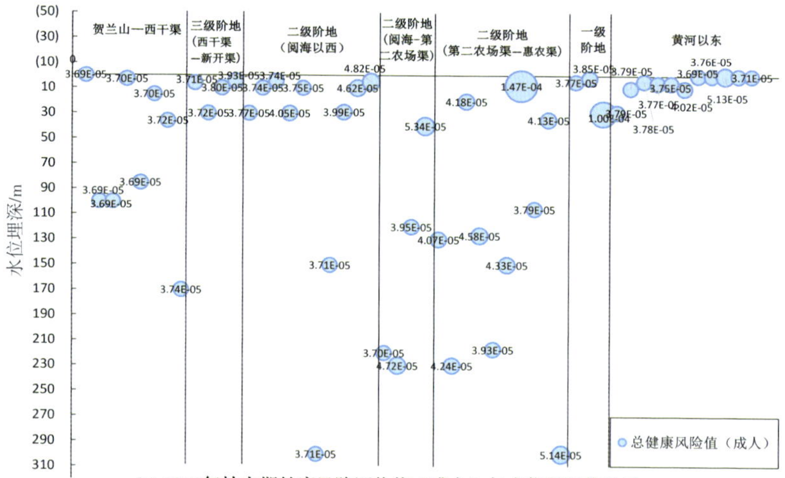

(b) 2018年枯水期健康风险评价值（成人）与水位埋深的关系

气泡大小代表健康风险值的大小；气泡上的数值为每个采样点的总健康风险值。

图 4-24   2018 年枯水期地下水环境健康风险值与水位埋深的关系

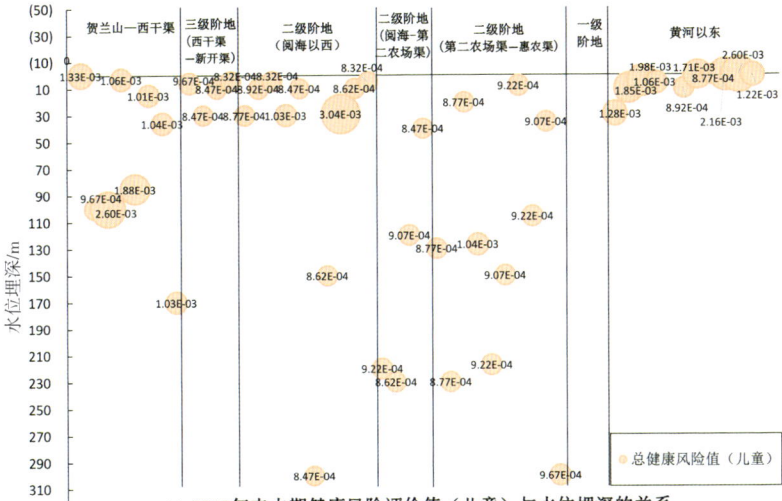

（a）**2018年丰水期健康风险评价值（儿童）与水位埋深的关系**

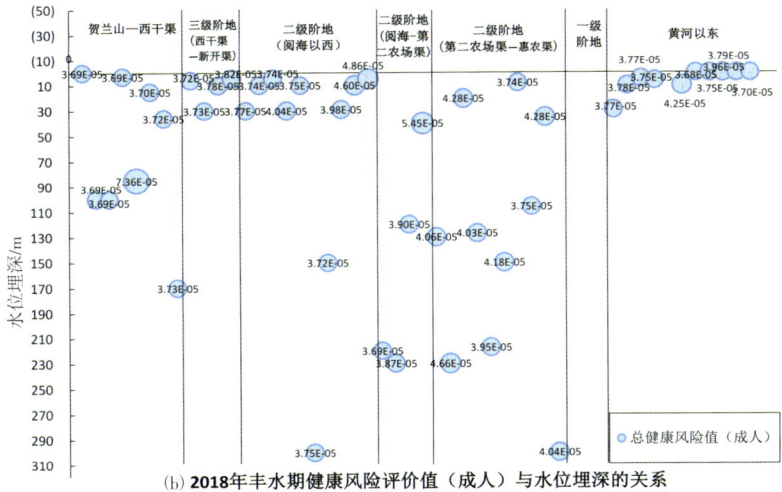

（b）**2018年丰水期健康风险评价值（成人）与水位埋深的关系**

气泡大小代表健康风险值的大小；气泡上的数值为每个采样点的总健康风险值。

图 4-25 2018 年丰水期地下水环境健康风险值与水位埋深的关系

图 4-25 中除个别采样点风险值大小有差异外，丰水期总健康风险值与水位埋深关系分布趋势与枯水期相似。① 1# 剖面水平方向上，二级阶地和一级阶地的总健康风险值（成人和儿童）较高，不同地貌类型的总健康风险均值根据大小排序如下。成人：二级阶地（阅海—第二农场渠）（4.23×10^{-5}）>贺兰山—西干渠（4.16×10^{-5}）>二级阶地（第二农场渠—惠农渠）（4.10×10^{-5}）>二级阶地（阅海以西）（3.99×10^{-5}）>黄河以东（3.47×10^{-5}）>三级阶地（西干渠—新开渠）（3.79×10^{-5}）。儿童：黄河以东（1.42×10^{-3}）>贺兰山—西干渠（1.36×10^{-3}）>二级阶地（阅海以西）（1.09×10^{-3}）>二级阶地（第二农场渠—惠农渠）（9.22×10^{-4}）>二级阶地（阅海—第二农场渠）（8.84×10^{-4}）>三级阶地（西干渠—新开渠）（8.73×10^{-4}）。② 1# 剖面垂向上，水位埋深 50 m 以上的总健康风险均值大小排序如下。成人：10~50 m（4.07×10^{-5}）>0 m（湖水、泉水、排水沟水样为 3.76×10^{-5}）>0~10 m（3.67×10^{-5}）。儿童：0 m（1.65×10^{-3}）>10~50 m（1.18×10^{-3}）>0~10 m（9.77×10^{-4}）。

综上所述，儿童是比成人更加敏感的风险受体，受到水环境污染的危险更大，因此应针对儿童的饮用水安全进行更严格的控制和管理。从研究结果可以看出，虽然某些金属的检出度不存在超标，但由于其毒性较大，在进行健康风险评价之后，成为了主要风险来源物质，例如致癌重金属铬应作为污染控制管理饮用水环境风险管理的重点对象。

4.2 银川平原北部（石嘴山市）地下水循环模式

为查明整个银川平原排泄区（银川平原北部）地下水循环特征，收集不同深度钻孔 20 组，建立野外尺度 2# 剖面，该剖面位于石嘴山市，自山前洪积扇向东部穿过黄河后止于陶乐镇，全长 46 km，西侧

以贺兰山为界，由西到东自贺兰山至黄河河床呈现典型的带状分布，即
山前洪积倾斜平原—冲洪积平原—河湖积平原。地层结构也由山前单一
潜水区向东部过渡为多层结构区，且在多层结构区黏土层分布较为连续。
西部靠近贺兰山前，为连绵的洪积扇群，东西宽 3~4 km，洪积倾斜平
原单一潜水区含水层岩性自西向东由粗变细。由块石、卵砾石、砂砾
石变为砂砾石夹砂层，偶夹黏性土透镜体，分选性、磨圆度均较差，
含泥质。地下水位埋深由西向东逐渐变浅，一般西部山前地带水位埋
深大于 50 m，向东至洪积扇前缘埋深 10~30 m。东部黄河两侧基底新
近系隆起，上部第四系为黄河漫滩单一潜水，岩性以细砂为主。中部
广大冲洪积、冲湖积平原区为多层结构区，含水层岩性以细砂、粉细
砂为主，含水层之间被分布较为连续的黏性土隔开。

4.2.1　稳定同位素特征及补给来源识别

　　根据剖面地下水及地表水取样结果，绘制了 δD—$\delta^{18}O$ 关系图
(图 4-26)，根据采样结果，可将 2# 剖面地下水划分为 3 组。A 组地下
水来自贺兰山前及黄河以东台地前缘，该组地下水氢氧同位素最为富
集，指示其起源于现代水，表明西部山前及东部台地前缘主要接受
山前洪水等散失补给；B 组地下水均采自山前细粒带及河湖积平原
浅层，且 D、^{18}O 含量与黄河水接近，指示该地区地下水主要来自黄
河水，这与该地区引黄灌溉一致；C 组地下水均采自河湖积平原深
部，地下水埋深>100 m，该组地下水氢氧稳定同位素最为贫化，说
明该组地下水应为比现代气候更加湿冷的大气降水所补给，同时 C 组
样品中明显的 ^{18}O 漂离现象表明其在含水层中滞留了极长的时间，因
此可认为北部地区深部地下水是接受湿冷气候条件下古大气降水所
补给。

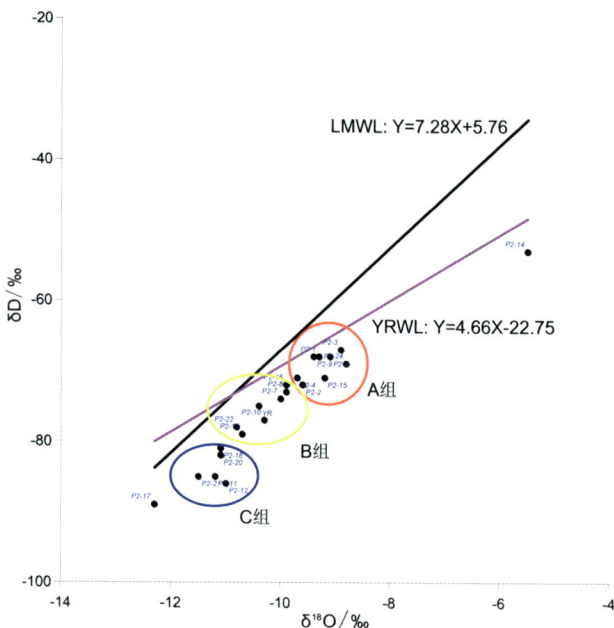

图 4-26   2# 剖面地下水及地表水样点 δD—δ¹⁸O 关系

4.2.2　剖面水化学特征

根据取样结果绘制北部剖面地下水 TDS 含量等值线（图 4-27），可以看出，除河湖积平原西部，即细粒带前缘至惠农渠一带，150 m 深度内地下水水质相对较差，TDS 含量大于 3000 mg/L 外，其余大部分地区，水质相对较好，TDS 含量小于 1000 mg/L。

为进一步查明北部地下水水化学特征，绘制水化学 Piper 三线图（图 4-28）。可以看出，在山前倾斜平原及山区基岩裂隙中，地下水阴离子以 HCO_3^-、SO_4^{2-} 离子为主，阳离子以 Ca^{2+}、Na^+ 为主；向东至河湖积平原，浅层地下水和深层地下水中阳离子均以 Na^+ 为主，阴离子中浅层地下水以 SO_4^{2-}、HCO_3^- 为主，深层地下水以 Cl^- 为主。

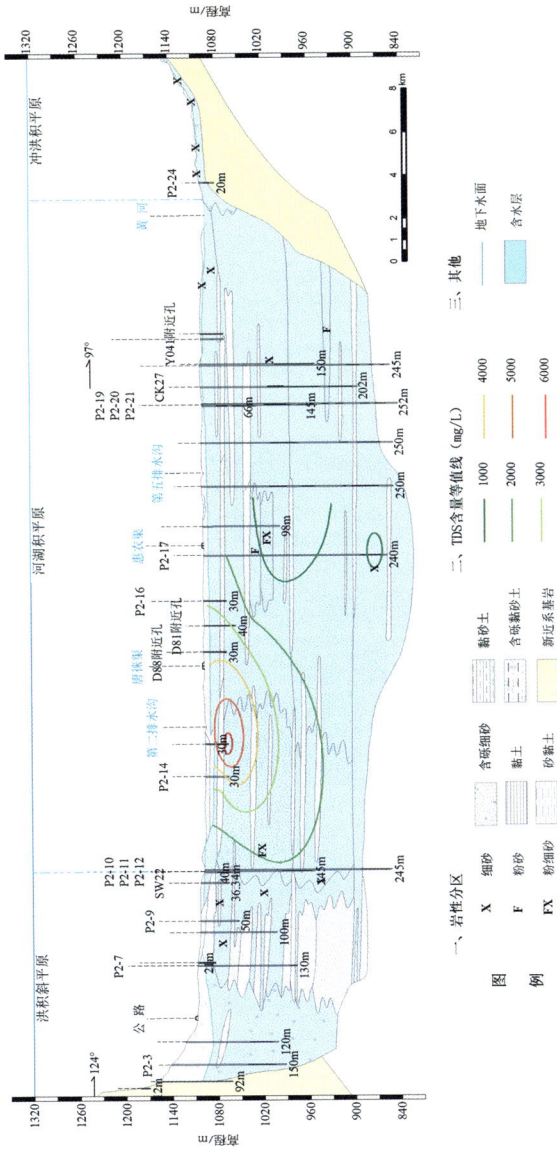

图 4-27　石嘴山剖面地下水 TDS 含量等值线

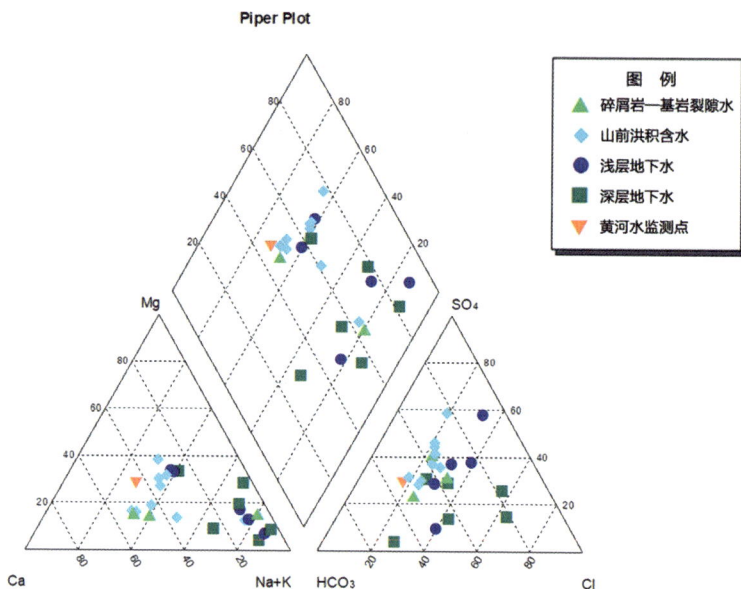

图 4-28 地下水水化学 Piper 图

4.2.3 剖面水循环模式及水资源保护建议

　　根据 2019 年野外尺度 2# 剖面不同位置水位监测数据，绘制了银川平原北部枯水期剖面地下水循环模式示意图（图 4-29），丰水期和枯水期循环特征基本相同。由剖面地下水循环示意图可知，地下水的径流方向以垂向为主，水平为辅，在局部地区有完整的径流—排泄循环系统。其中，在剖面西段山前洪积斜平原上，地下水水力梯度最大，地下水径流速度最快，形成汇水区的局部水循环系统；在冲洪积平原及河湖积平原，地下水径流滞缓，受引黄灌溉垂向补给驱动及深部承压水开采影响，地下水以垂向径流为主，水流速度减缓，地下水由浅层向深层径流补给，但由于受连续黏土层阻隔，补给能力较差。整个平原地区作为引黄灌区，地下水主要接受引黄灌溉入渗补给，水流速度缓慢。

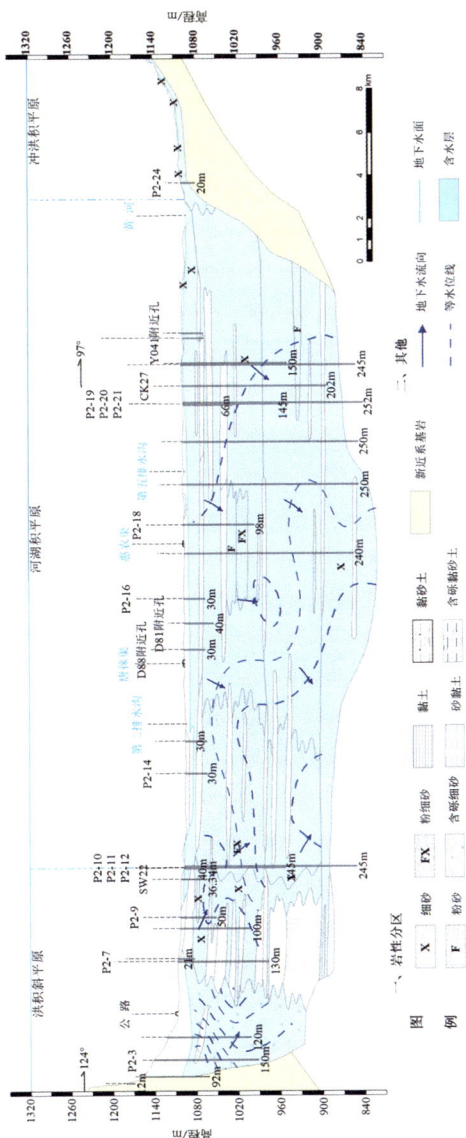

图 4-29　剖面地下水流场示意图

由区域循环图可知，山前地区由于受人工开采影响，局部地区形成了地下水降落漏斗，且山前地区主要接受洪水散失补给，地下水水质较好，建议进行间歇式开采，保证地下水位相对稳定。

东部大面积的河湖积平原区地下水埋深较浅，且浅部和深部地下水水力联系较差，区域土壤盐渍化分布广泛，为促进地下水循环，减轻土壤盐渍化，同时节约用水，建议在北部大面积实行节水灌溉，同时建议地下水集中供水水源地布置在东部河湖积平原区，减少山前地下水的开采。

4.3 银川平原南部（青铜峡市）地下水循环模式

银川平原南部四周多为山区和丘陵台地，由山麓至黄河河床呈现典型的带状分布，即丘陵台地—冲洪积平原—冲湖积平原，冲洪积仍以贺兰山东麓最发育，形成山前冲洪积倾斜平原，由南向北变窄，岩性以中细砂为主局部夹黏性土层；冲湖积由细砂、粉砂与黏性土互层组成，局部夹淤泥。冲积物主要分布于黄河两岸，岩性由上游至下游变细，在青铜峡—灵武市东塔乡横断剖面上（3#剖面），主要为砂卵砾石堆积，形成冲积扇，由河床向东西两侧变薄，向北增厚，粒度变细并逐渐过渡为中细砂夹黏性土。总之，由盆地边缘到沉降中心，沉积物是由粗变细。受地质结构与地层岩性的控制作用，不同剖面的地下水流场循环径流模式、水化学场及同位素分布特征等呈现一定的规律性和差异性。

4.3.1 稳定同位素特征及补给来源识别

根据取样结果，绘制了 3# 剖面不同水体氢氧关系图（图 4-30）。整体来看，浅层地下水和深层地下水分布范围基本一致，进一步说明上部和下部水力联系较好，同位素差异较小。地下水和黄河水采样点基本分布在当地大气降水线以及黄河水拟合线下方，说明浅层地下水和深层地下水都接受大气降水、黄河水的补给。但在图中偏离银川地区雨水线和黄河水氘氧同位素关系线的程度不同，说明受到补给的比例，蒸发作用程度等不同。同时地表水、地下水的分布方位和深度也反映出不同水体之间的水力联系。大部分样点分布在黄河水附近，且位于图 4–30 中右上角，表明本地区地下水主要来自黄河水灌溉回渗补给，且补给过程中受到了蒸发作用影响。同时，部分样点，位于图 4–30 中左下角，同位素含量相对贫化，反映其来自山前历史时期地下水的补给，径流时间相对较长。

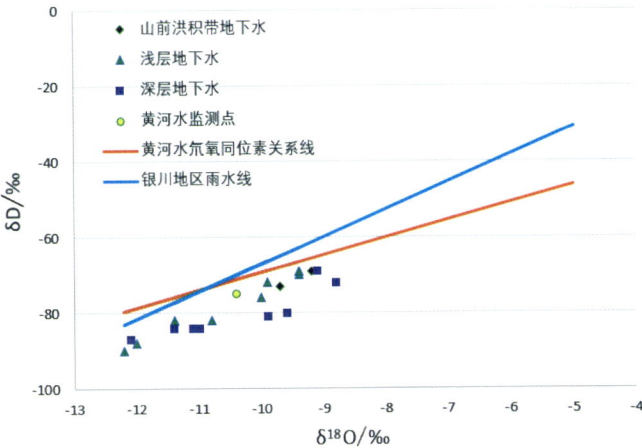

图 4–30　青铜峡剖面地下水 δD—δ^{18}O 关系

4.3.2　剖面水化学特征

根据本次取样检测结果，绘制了青铜峡剖面地下水 TDS 含量等值线（图 4–31），可以看出，在水平方向上，剖面西段山前洪积斜平原地带地下水 TDS 值最高，高达 2.85 g/L；在垂直方向上，中部汉延渠以西深层地下水 TDS 值较大，局部地区大于 2 g/L。在 3$^#$ 剖面冲湖积平原区含水层颗粒粗，水力坡度大，水化学类型多为重碳酸盐型水，TDS 小于 1 g/L。

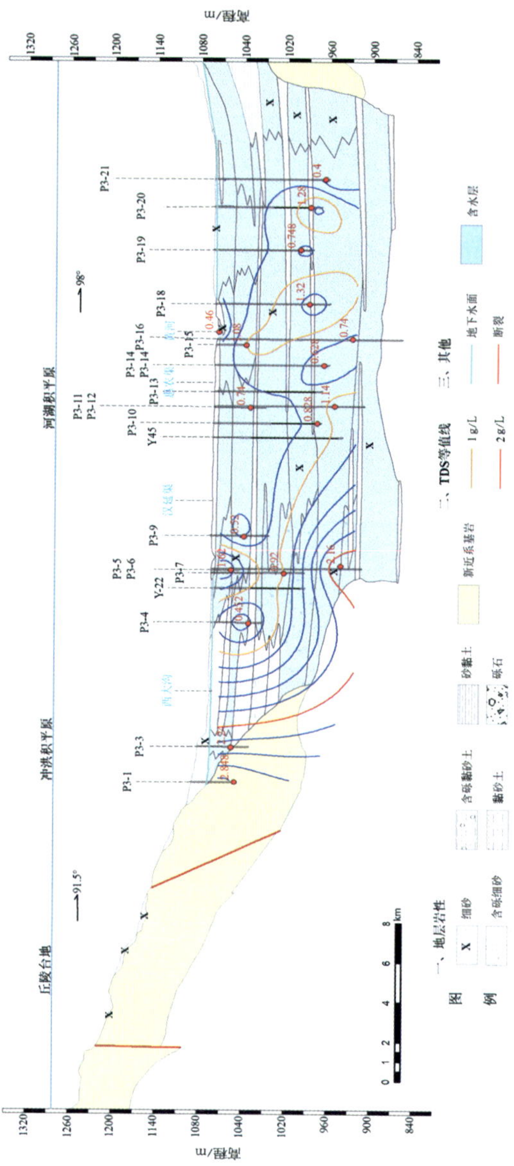

图 4-31　青铜峡剖面地下水 TDS 含量等值线

原因分析，在干旱地区的山间沉积盆地，气候、岩性、地形表现为统一的分带性，由于该区地下水是典型的溶滤水，不仅包括潜水、也包括大部分承压水，形成构造较为封闭的含水系统，在"溶滤—浓缩"共同作用下，山前地下水的 TDS 较高，在地下水流系统控制下，出现水平的或垂向的"异常值"。

为进一步查明地下水径流条件，绘制了剖面地下水 rCl/rCa 等值线（图 4-32），从图中可以看出，青铜峡剖面除深部局部地区滞流，径流条件较差外，其他地区径流条件较好。在水平方向上沿着剖面由西至东 rCl/rCa 比值均较小，水平分带不明显，比值均不大于 10，说明水平向径流条件较好，水循环交替速度快；在垂向上，在西大沟—汉延渠段垂直分带显著，rCl/rCa 比值随地下水埋深加大而增大，在深层含水层中形成一个极值 25.77，说明地下水径流速度随深度增大而减缓，这也反映了该区地下水以水平向径流为主，垂向径流为辅；同时浅层地下水受地表渠系灌溉、河湖入渗、大气降雨等地表水补给，进一步加速地下水径流驱动，而深层地下水主要受水平驱动，径流缓慢。整体与 1# 剖面阅海湖西部山前洪积斜平原径流条件相差不大。这与该地区沉积环境基本一致。

根据 3# 剖面地下水取样点实测数据，该区域地下水铁、锰含量普遍超标，其中元素 Fe 的检出含量为 0.01~1.47 mg/L，平均值为 0.691 mg/L，高于地下水Ⅲ类水质量标准（≤0.3 mg/L）；元素 Mn 的检出含量为 0.01~1.48 mg/L，平均值为 0.34 mg/L，高于地下水Ⅲ类水质量标准（≤0.1 mg/L）。

根据取样结果，绘制了剖面铁锰离子含量等值线（图 4-33、4-34），由图可知，沿着 3# 剖面由西向东除山前洪积扇前缘局部地区铁离子含量不超标外，河湖积平原大面积地区不同深度地下水中铁离子含量均

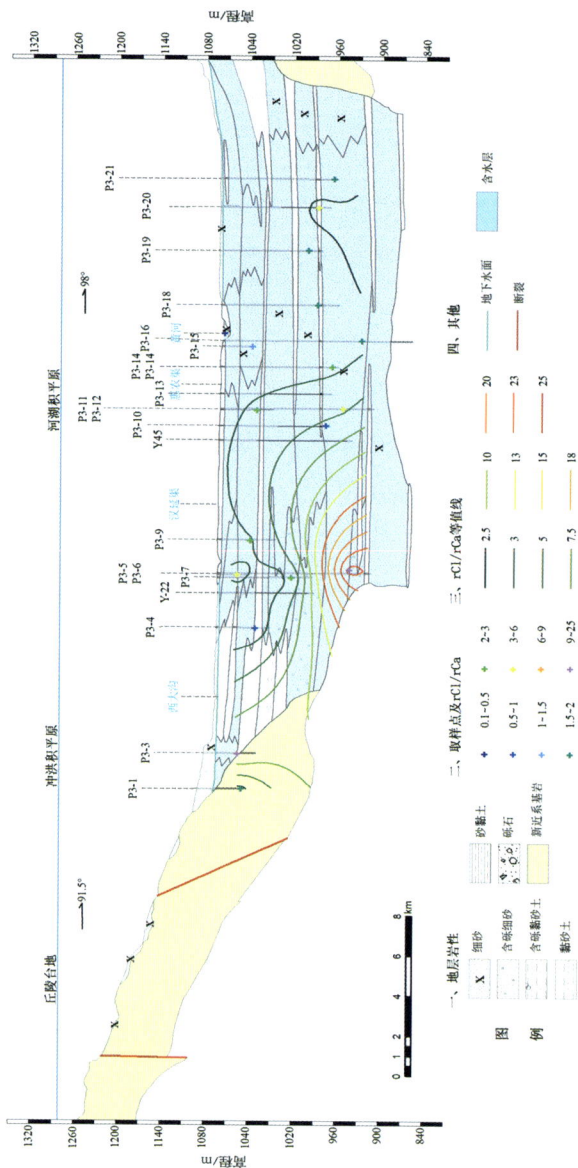

图 4-32 青铜峡剖面地下水 rCl/rCa 比等值线

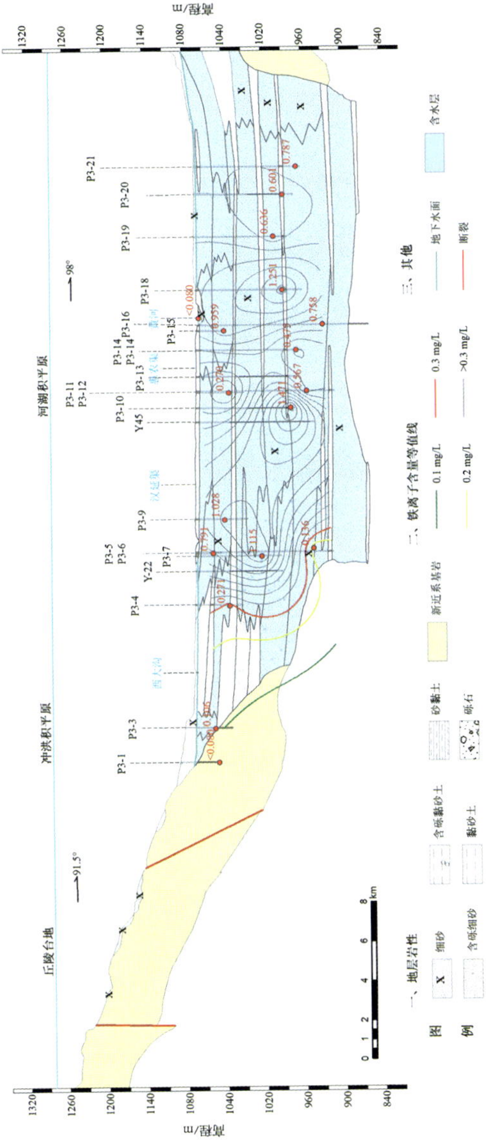

图 4-33　青铜峡剖面地下水铁离子含量等值线

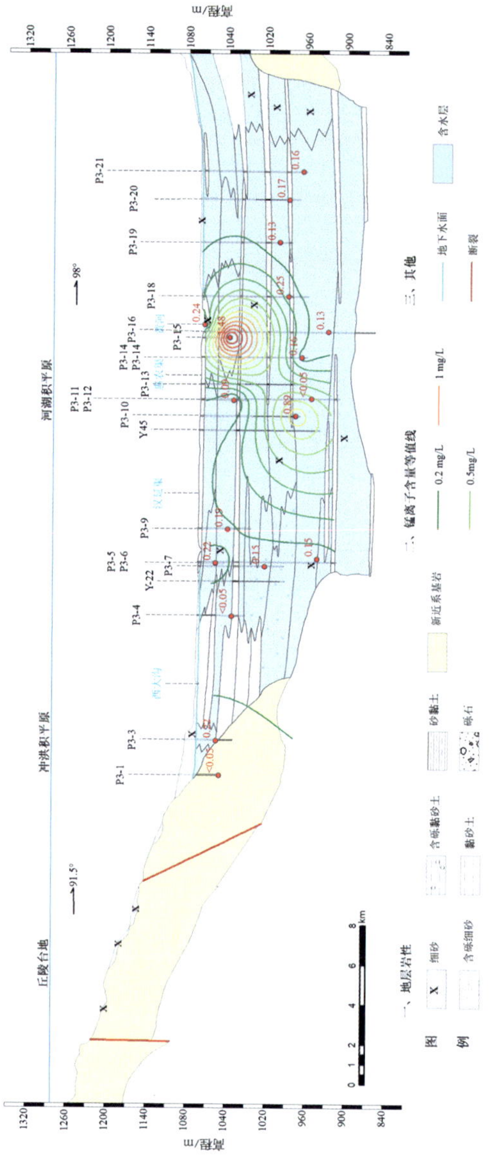

图 4-34　青铜峡剖面地下水锰离子含量等值线

超标。地下水中锰离子含量除在西部山前基岩裂隙水中及平原区极个别孔中不超标外，在剖面河湖积平原大部分孔内均超标，且在黄河附近达到了极大值。

4.3.3　剖面水循环模式

　　根据剖面地下水位统测结果，绘制了丰水期和枯水期剖面地下水循环示意图（图 4-35、图 4-36），可以看出，枯水期和丰水期地下水循环模式整体变化不大，地下水流向呈自西向东径流。在大西沟以西的洪积倾斜平原上，地下水水平径流速度较快，水力坡度大于 2‰；在剖面中部冲湖积平原地区，地下水流以水平径流为主，同时受引黄灌溉渠（汉延渠、惠农渠等）垂向补给驱动，浅层地下水呈南西向径流，水流速度减缓，水力坡度约为 1‰；在剖面东部河湖积平原一带，地下水与黄河水水力联系密切，在垂向上呈"补给—排泄"动态平衡关系，同时受黄河水垂向驱动作用，浅层地下水在枯水期和丰水期的径流有一定的差异。另外，整个平原地区作为引黄灌区，地下水主要接受引黄灌溉入渗补给，又以排水沟排入黄河或蒸发的形式构成一个开放的水循环系统，其间，黄河水与地下水多次转化。

4.3.4　基于剖面水循环的地下水规划建议

　　青铜峡地区地下水径流条件相对较好，地下水以自西向东径流为主，不同深度地下水水力联系较好，上下水头差较小，浅层地下水接受来自上部灌溉回渗补给后能快速渗入深层含水层，并向东径流，因此青铜峡地区水源地开采应注意对表层生态环境的影响。因地下水主要来自上部灌溉入渗补给，所以保护区应注重上部地表补给区的保护，此外，山前补给区也需采取保护措施。

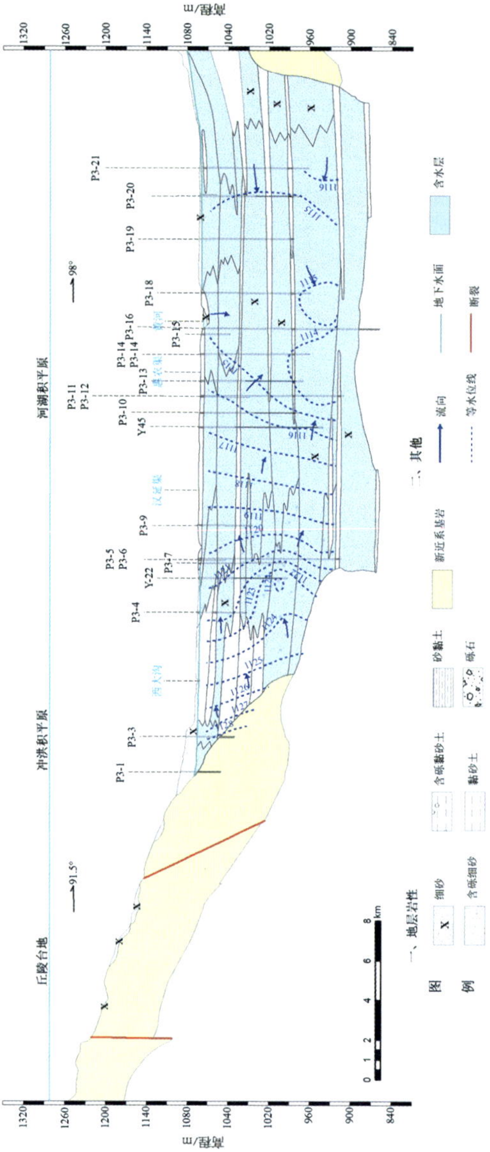

图 4-35 3# 剖面枯水期地下水循环示意图

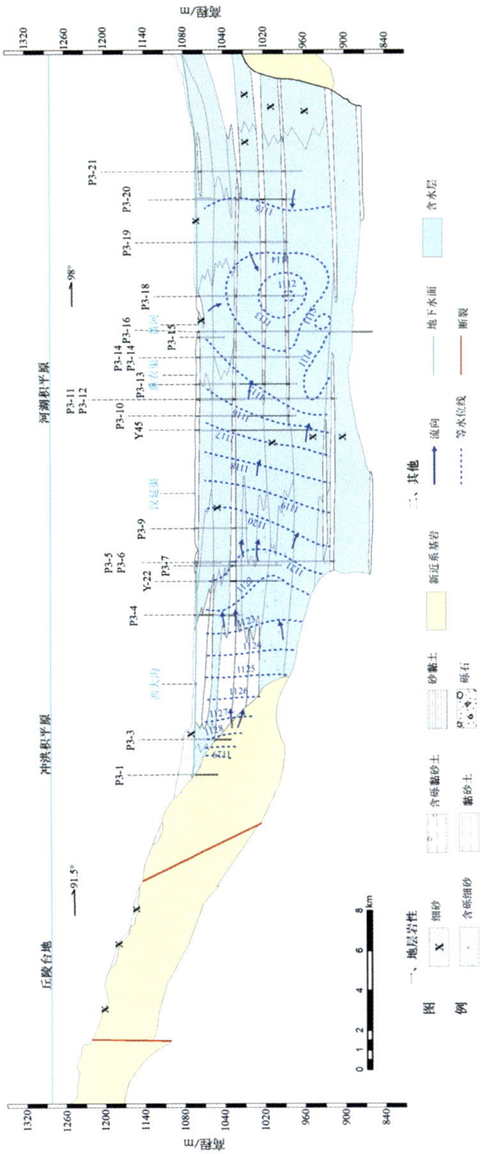

图 4-36　3# 剖面丰水期地下水循环示意图

4.4 本章小结

本章基于银川平原三条区域水循环监测剖面地下水水位、水化学及同位素数据，对银川平原中部、北部及南部地区地下水循环及演化进行分析，得出结论如下：

银川平原中部（1#剖面）自西向东地下水径流由水平径流为主→水平+垂向径流为主→径流滞缓区。西部水平径流为主区域，地下水水质优良，开采潜力较大，可作为城市后备水源，禁止堆放生产、生活垃圾等污染源；中部以垂向径流为主区域，地下水水质整体较好，局部地区较差，深层地下水补给来源以山前侧向补给为主，浅层地下水对其补给作用较弱。此区域地下水集中水源地的保护需注意其对应山前补给区，且注意避免汇水区相交。东部径流滞缓区，浅层地下水和深层地下水联系密切，以往此区的水源地开采未考虑对表层生态环境的影响，建议重新进行以生态环境良性循环为约束的允许开采量评价，地下水源的保护需注重对地表生态区范围进行保护。

银川平原北部（2#剖面）地下水的径流方向以垂向为主，水平为辅，在局部地区有完整的径流—排泄循环系统。其中，在剖面西段山前洪积斜平原上，地下水水力梯度最大，地下水径流速度最快，形成汇水区的局部水循环系统；在冲洪积平原及河湖积平原，地下水径流滞缓，受引黄灌溉垂向补给驱动及深部承压水开采影响，地下水以垂向径流为主，水流速度减缓，地下水由浅层向深层径流补给，但由于受连续黏土层阻隔，补给能力较差。整个平原地区作为引黄灌区，地下水主要接受引黄灌溉入渗补给，水流速度缓慢。山前地区主要接受洪水散失补给，地下水水质较好，建议进行间歇式开采，保证地下水水位相对稳定。

　　银川平原南部（3#剖面）地下水以水平径流为主，水质优良，局部地区地下水中 Fe、Mn 元素含量偏高。南部浅层地下水和深层地下水联系密切，地下水的保护需要注重地表生态保护区及山前补给区的保护；地下水的开采需考虑到对表层生态的影响。此外，还需查明灌溉方式对生态的影响。

第5章 地表水与地下水转化关系研究

银川平原在地质历史时期和人类历史时期，曾是一个湖沼密布的水乡泽国。按照成因类型这些湖泊可分为构造湖、牛轭湖和扇缘湖。

由于受到地面沉降、黄河改道、泥沙淤积、气候波动等多种自然因素的影响，银川平原上湖沼面积变化很大，并经历了缩小—扩大—缩小的复杂过程。但自汉代引黄灌区开发以来，湖沼变迁主要与不同时期灌区的开发建设活动紧密相关，各种自然因素则相对居于次要地位。

中华人民共和国成立后，水利事业突飞猛进，通过改造、扩整旧渠，建成了比较完整的排水沟系，再加之电排电灌措施的广泛应用，大量渠间洼地和浅水湖泊被疏干，湿地面积和数量迅速减少。湖泊湿地面积从 20 世纪 50 年代初期的 5.4×10^4 hm²，减少至 1958 年的 2.4×10^4 hm²，到 1988 年则仅余 1.6×10^4 hm²。且余存湖泊的水深大为缩小，季节性积水洼地的面积也比过去减少更多，反映了当时银川平原湖泊湿地消退的事实。

2002 年以来，为保护湿地和湿地生物多样性，宁夏回族自治区人民政府决定对宁夏平原湿地生态进行抢救性恢复建设。先后实施了退田（塘）还湖蓄水、退耕还湖、疏浚清淤等工程，改造和保护了宝湖、西湖、鸣翠湖、阅海湖和星海湖等数十个城市湖泊，恢复了湿地近 7000 hm²。据统计，近年来，银川市恢复湿地近 2000 hm²，吴忠市恢复湿地近 1333.33 hm²，石嘴山市恢复湿地近 2666.67 hm²。

相较于中华人民共和国成立之初，银川平原湿地结构发生了较大变化，即天然湿地面积比重下降，而人工湿地所占比重在上升，且湿地景观格局向着围绕城市更加聚集化的方向发展。这些结果反映了人类活动对于城市湖泊湿地的发展起着一定的控制作用。并且几十年的农业开发、城市建设已经改变了湖泊湿地形成—发展—消亡的自然过程。

5.1　黄河与地下水关系

为查明黄河与东部地下水的关系，在黄河东部布设监测孔 2 组，同时对黄河水位进行监测，从不同时期的地下水流场中可以看出由于受人类活动影响（图 5-1），黄河和周围地下水关系在不断发生改变，农灌以前，黄河水位较高，向东补给地下水；农灌开始后，由于灌溉水及降水影响，东部地下水位较高，地下水整体向西部黄河排泄，地下水流场方向发生改变；在 5 月、11 月黄河和东部地下水的水头基本持平。

通过取样检测结果可以看出地下水溶解总固体（TDS）的变化特征（表 5-1），在枯水期黄河水向东补给地下水，地下水径流方向由西向东，东侧靠近台地的孔组 TDS 指标总体呈下降趋势；在丰水期由于农灌原因西侧靠近黄河孔组 TDS 整体下降，东侧孔组由于降水原因，台地地下水向西部排泄 TDS 整体上升；其中东侧孔组 30 m 深度钻孔 TDS 值整体偏大，丰水期台地地下水补给对其 TDS 有一定影响，但从 YH06-3 孔中 TDS 含量大于 10 g/L，而其他第四系地下水仍处于 1000~3000 mg/L

可以看出，台地基岩裂隙水对平原区第四系地下水补给甚微。

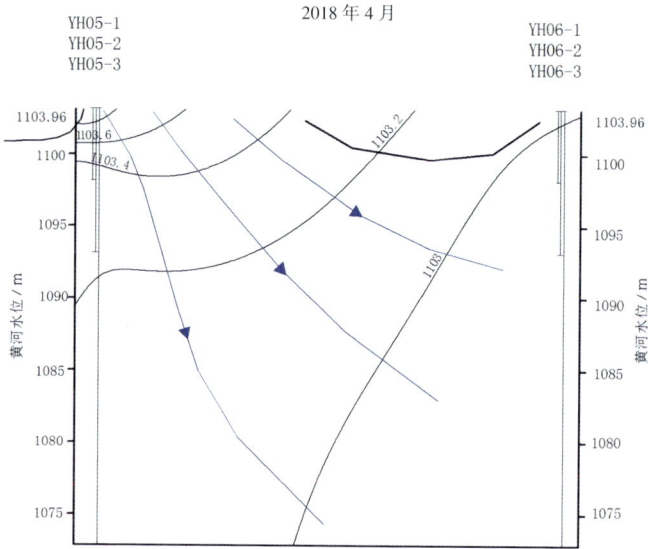

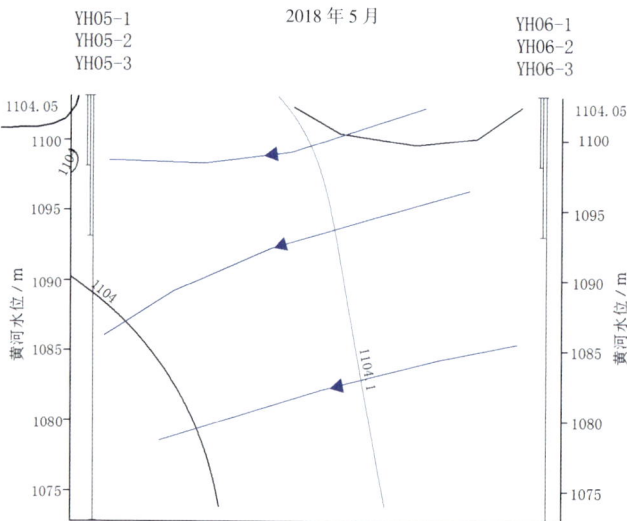

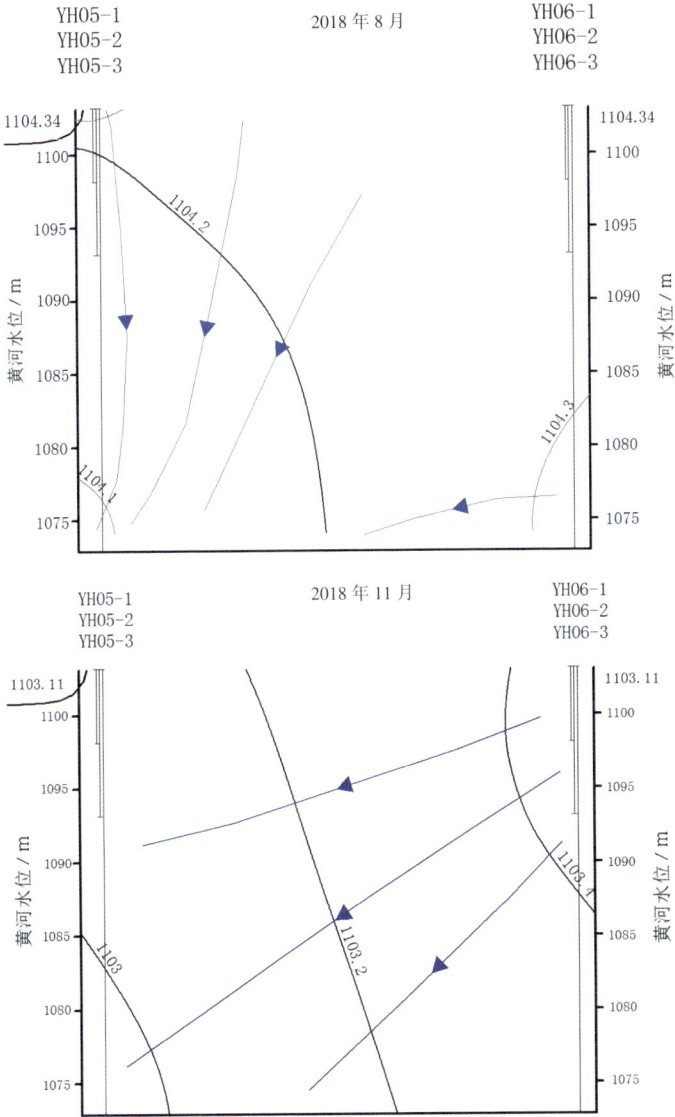

图 5-1　不同时期黄河与河东地下水关系

表 5-1　黄河及东部观测孔丰枯期 TDS 含量（mg/L）

日期	位置						
	黄河	YH05-1	YH05-2	YH05-3	YH06-1	YH06-2	YH06-3
2018.4	502.55	1400.82	1408.26	1417.5	1082.26	2243.18	12154.4
2018.8	402.18	1126.3	1293.7	1185.62	1121.13	3655.41	16391.42

5.2　湖泊湿地与地下水关系

为查明银川平原不同地貌单元湖泊湿地特征及与周围地下水的关系，从而为湖泊湿地保护提供依据。本次自山前至黄河西岸，分别选择阅海湖、沙湖、镇朔湖及鸣翠湖开展研究。

5.2.1　阅海湖

阅海湖旧称大西湖，地处银川平原中部，行政区划隶属于银川市金凤区，南北长 10 km，东西平均宽 2.7 km，南窄北宽，呈倒梯形，总面积 2667 hm²，平均水深 1.4 m。阅海湖在地貌上处于冲湖积平原，沉积物岩性主要为细砂、砂黏土、黏砂土、粉细砂夹淤泥及砂卵砾石。地下水主要接受引黄渠系渗漏补给、田间灌溉入渗补给、大气降水入渗补给和侧向径流补给。由于沉积物颗粒细小，地势平缓，水力坡度小，地下水径流滞缓，径流方向为南西—北东向。排泄方式主要有潜水蒸发排泄、排水沟排泄、人工开采和向黄河径流排泄。

（1）湖水与地下水动态分析

阅海湖的水源主要由典农河补给，每年的补水时间为第二、三季度各补一次，秋灌停水后疏导唐徕渠积水补水一次，冬灌期间利用渠道弃水补水一次。每次补水时，湖水水位迅速上涨，补水结束后，在强烈的蒸散发作用下，水位持续回落，直至下一次补水，水位重新上涨（图 5-2）。2018 年阅海湖水位动态变化过程如下：年初冰层解冻以来水位持续下降，到 4 月中旬，年内第一次生态补水引起湖水水位明显上涨，涨幅 0.33 m；此后水位总体呈下降趋势，期间受小规模补水因素的影响，水位有几次小幅度上涨；自 7 月下旬开始对阅海湖进行了持续补水，水位涨幅 0.47 m，至 9 月初补水停止后，水位开始回落。

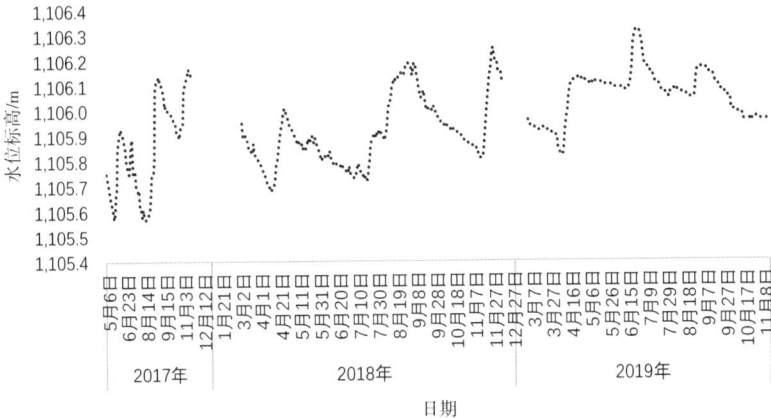

图 5-2　阅海湖水位变化过程曲线

距离阅海湖不同位置的 4 组地下水动态曲线特征显著不同（图 5-3）。据相关分析结果，距离阅海湖较远的 YH02、YH03 和 YH04 组地下水与湖水之间没有动态响应关系。YH01-1 与阅海湖之间的动态相关系数为 0.940，YH01-2、YH01-3 与阅海湖之间的动态相关性系数分别为 0.640 和 0.642，表明阅海湖与近岸区浅层地下水之间存在密切的动力响应关系，而与近岸区深度大于 5 m 的地下水之间动态响应关系较弱。YH01-2、YH01-3 与 YH02 组动态变化规律一致，并且相关系数达到 0.936 和 0.945，表明近岸区埋深大于 5 m 的地下水动态主要受区域地下水动态控制。

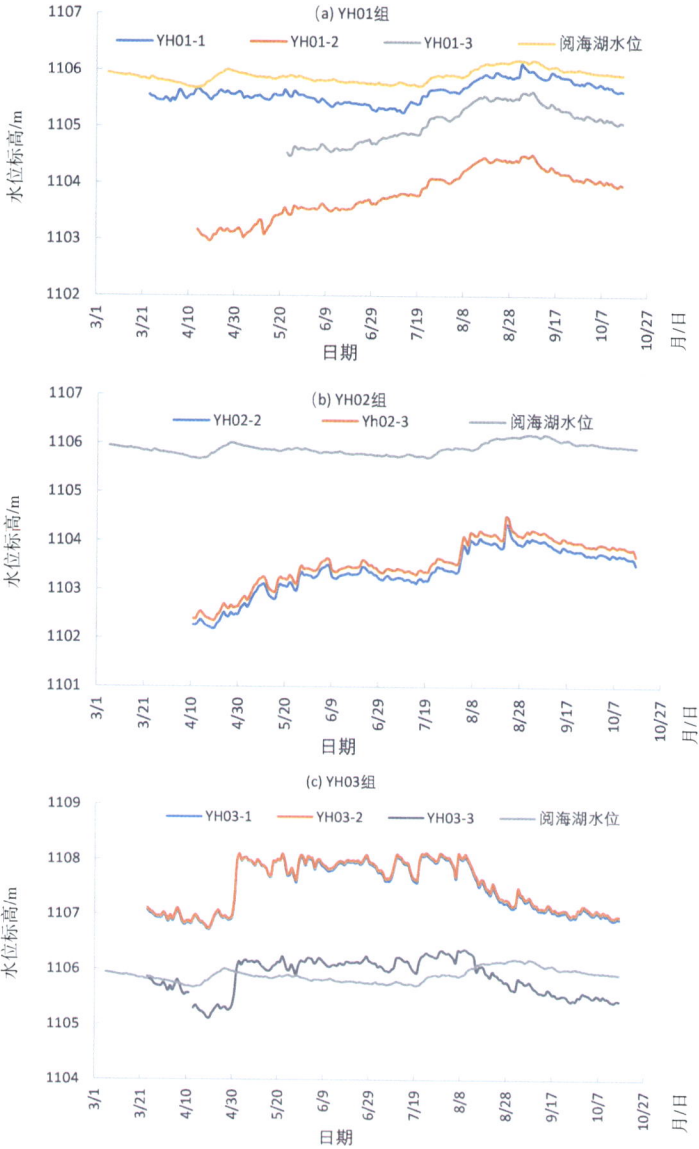

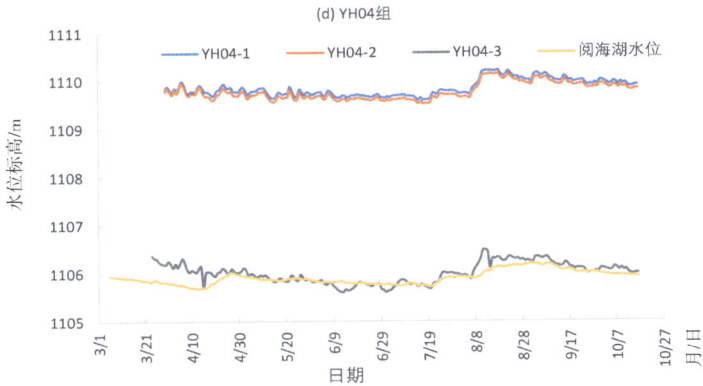

图 5-3　阅海湖水位和地下水动态曲线

（2）氘、氧同位素分布特征及补给条件指示

地下水 δD 值介于 $-84‰ \sim -41‰$，均值为 $-69.7‰$，$\delta^{18}O$ 值介于 $-11.2‰ \sim -3.4‰$，均值为 $-9.2‰$，与黄河水 δD（$-68‰$）和 $\delta^{18}O$（$-9.6‰$）值非常接近。图 5-4 可见，所有地下水样点都落在银川地区雨水线的右下方，且地下水样点基本可分为两个区（I 区和 II 区），其中 II 区地下水样点（深度在 5 m 和 10 m 处地下水样）基本沿黄河水 $\delta D - \delta^{18}O$ 关系线分布，表明当地降水不是地下水的主要补给来源，地下水主要源自引黄灌溉入渗补给，且在入渗过程中经历了蒸发作用。与 II 区相比，I 区地下水样点（深度在 30 m 处地下水样）的氘氧值明显偏负，反映二者补给来源存在差异。I 区 δD、$\delta^{18}O$ 值介于 $-84‰ \sim -76‰$ 和 $-11.2‰ \sim -10.7‰$，均值分别为 $-79.8‰$ 和 $-10.9‰$，与小口子泉 δD（$-75.8‰$）和 $\delta^{18}O$（$-10.9‰$）接近，而且具有沿地下水径流方向逐渐偏负的规律，表明来自贺兰山区的侧向径流对 I 区地下水具有明显的补给作用。

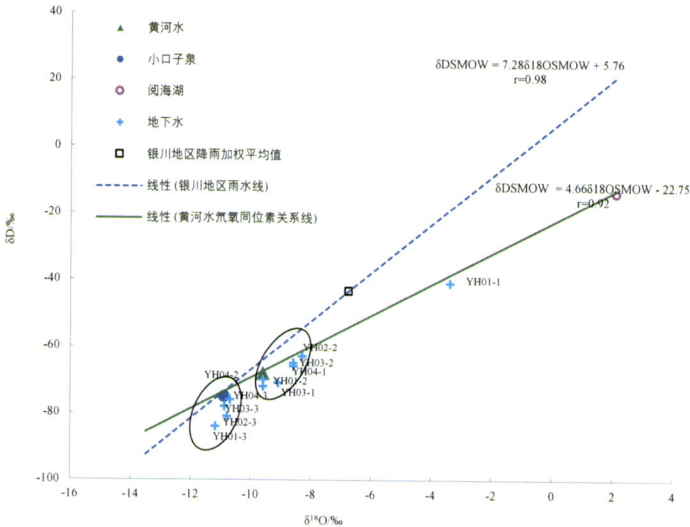

图 5-4 地表水与地下水的 $\delta D - \delta^{18}O$ 关系

阅海湖水样点落在银川地区雨水线的右下方与黄河水氢氧同位素关系线的上端，反映了阅海湖的水源主要来自黄河水（包括引黄渠系生态补水、引黄灌溉农田退水），并经历了强烈的蒸发过程。样点 YH01-1 氢氧值落在阅海湖水样点的下方，但比 II 区水样点明显偏正，指示该点地下水受到了来自阅海湖水的补给。结合阅海湖水与 YH01 组各孔水位动态关系，说明阅海湖向近岸区深度 5 m 以内地下水的转化补给作用明显。

地下水 $\delta^{18}O$ 值垂向分布曲线（图 5-5）显示，随着深度增加，$\delta^{18}O$ 值逐渐偏负。当垂向深度大于 5 m 时，地下水 $\delta^{18}O$ 值快速收敛。说明随着深度增加，地下水接受引黄灌溉入渗补给和湖水转化补给的作用逐渐减弱，山区侧向径流补给作用明显。

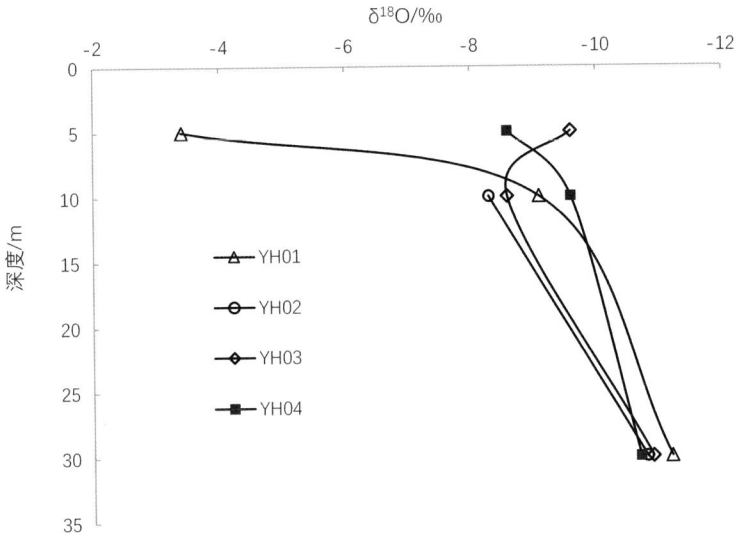

图 5-5 地下水 δ¹⁸O 垂向分布曲线

(3) 阅海湖西岸地下水剖面二维流场特征

由阅海湖西岸枯水期和丰水期地下水剖面二维流场（图 5-6）可见，在区域地下水流场控制下，地下水自西向东径流，水位沿程降低。在阅海湖近岸区，受人工补水影响，湖水位始终高于 YH01 组和 YH02 组地下水位，在湖水高水头的驱动下，浅层地下水自东向西径流。由于人工补水在阅海湖近岸区形成的局部地下水流场，与区域地下水流场叠加后，在距离湖岸 1.46 km 处（YH02 组）形成一个低水头区，使得 30 m 深度以下地下水以侧向径流为主改为向上径流。

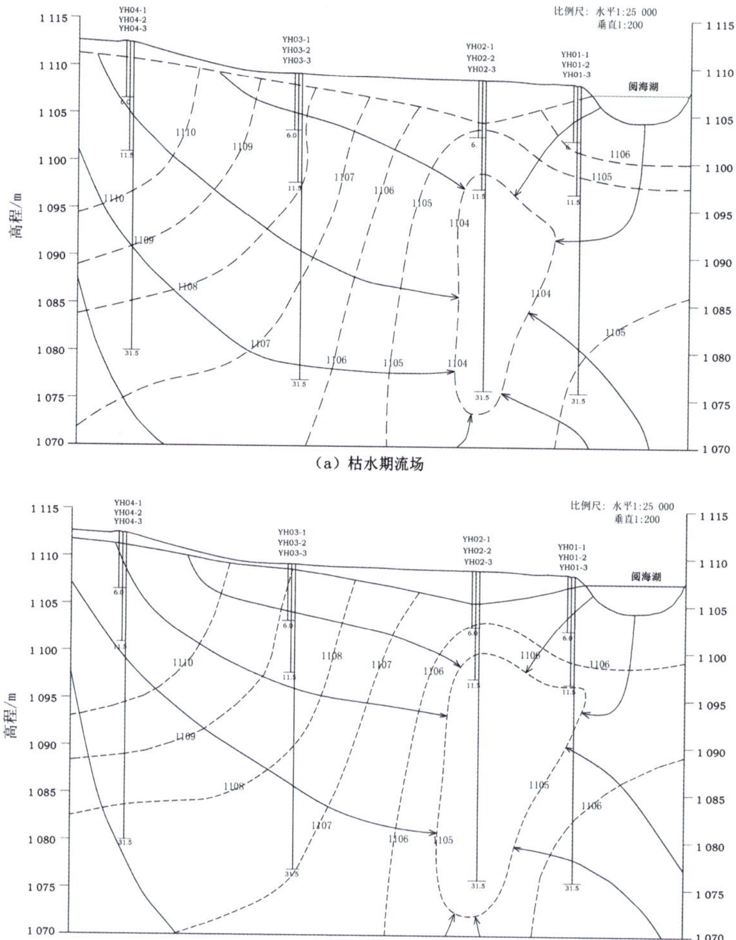

（a）枯水期流场

（b）丰水期流场

图 5-6　地下水剖面二维流场

　　通过以上分析得出以下结论。

　　阅海湖水与距离湖岸较远的 YH02、YH03 和 YH04 组地下水之间没有动态响应关系，仅与近岸区浅层地下水之间存在密切的动态响应关系；近岸区深度大于 5 m 的地下水动态主要受区域地下水动态控制。

近岸区地下水接受阅海湖水的转化补给，且阅海湖对近岸区深度小于 5 m 的地下水的转化补给作用明显，当深度大于 5 m 时，湖水向地下水的转化补给作用减弱。

由于人工补水作用，在阅海湖近岸区形成一个局部地下水流场，控制了近岸区浅层地下水径流特征，而近岸区深度大于 5 m 的地下水仍然受区域地下水流场的控制。人工补水形成的高水头是驱动湖水向近岸区浅层地下水转化的直接动力因素。

5.2.2　沙湖

沙湖位于银川冲湖积平原北部，西依贺兰山，东临黄河。行政区划上在宁夏回族自治区石嘴山市平罗县境内，距石嘴山市区 26 km，距银川 56 km，是国家 5A 级旅游景区（图 5-7）。属典型的大陆性半湿润半干旱气候，雨季多集中在 6-9 月，雨雪稀少，气候干燥，风大沙多。由于沙湖海拔在 1000 m 以上，所以夏季基本没有酷暑；1 月平均气温在零下 8 ℃以下，极端低温是零下 22 ℃。景区总面积为 80.10 km²，其中水域面积 45 km²，沙漠面积 22.52 km²。

（1）湖水与湖岸带地下水动态分析

水位动态监测工作自 2019 年 5 月 20 日开始，每十天监测一次，对各监测孔及沙湖进行了地下水动态监测。从图 5-8、表 5-2 中可以看出，各监测孔组之间的水位动态变化不尽相同。

SL04 孔组在 5 月底之前，10 m 以上地下水水位整体高于湖泊水位，其 10 m 以上地下水补给湖水，6 月到 9 月初，湖水与 SL04 孔组 10 m 以上地下水水位基本保持一致，不存在补给关系，9 月之后，SL04 孔组 10 m 以上地下水水位整体低于湖水水位，存在湖水补给 10 m

图 5-7 沙湖及周围监测孔分布

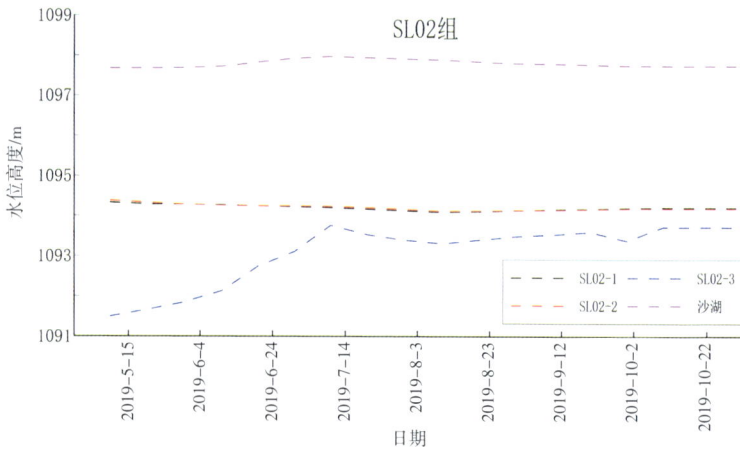

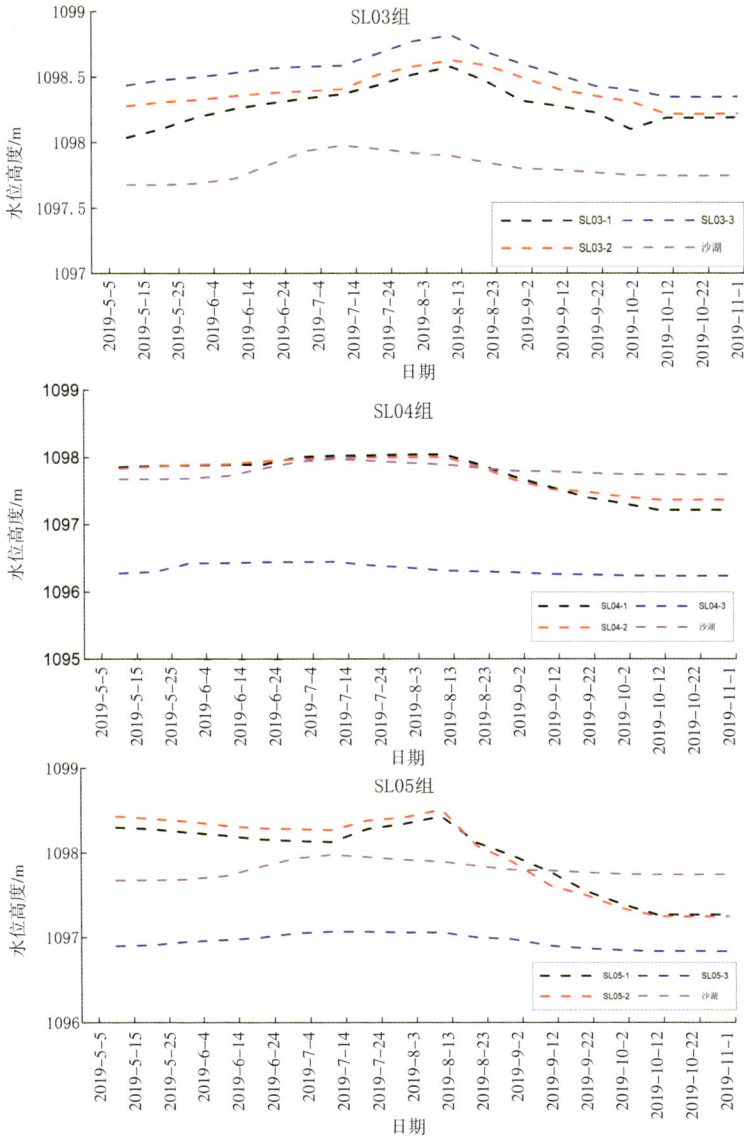

图 5-8　湖水与湖岸带地下水动态关系

表 5-2　各监测孔之间及其与湖水之间相关性

	SL02-1	SL02-2	SL02-3	SL03-1	SL03-2	SL03-3	SL04-1	SL04-2	SL04-3	SL05-1	SL05-2	SL05-3	沙湖
SL02-1	1												
SL02-2	0.954	1											
SL02-3	0.78	0.838	1										
SL03-1	0.773	0.638	0.437	1									
SL03-2	0.709	0.519	0.199	0.893	1								
SL03-3	0.561	0.354	0.064	0.897	0.963	1							
SL04-1	0.015	0.212	0.392	0.567	0.686	0.819	1						
SL04-2	0.032	0.248	0.404	0.555	0.639	0.791	0.991	1					
SL04-3	0.181	0.262	0.276	0.392	0.33	0.504	0.777	0.817	1				
SL05-1	0.072	0.297	0.539	0.464	0.642	0.773	0.974	0.959	0.682	1			
SL05-2	0.162	0.382	0.575	0.415	0.562	0.72	0.97	0.972	0.732	0.99	1		
SL05-3	0.34	0.139	0.018	0.806	0.806	0.904	0.904	0.898	0.773	0.803	0.794	1	
沙湖	0.61	0.466	0.55	0.824	0.678	0.706	0.517	0.516	0.499	0.339	0.33	0.808	1

以上地下水的过程，湖水水位与 SL04 孔组 30 m 的地下水水位响应明显，变化趋势基本一致，但 30 m 的地下水水位明显低于湖泊水位，存在湖水一直补给地下水的过程。

SL05 孔组在 9 月中旬之前，10 m 以上地下水水位整体是高于湖水水位的，存在地下水补给湖泊水的过程，9 月中旬以后，10 m 以上地下水水位低于湖泊水水位，存在湖泊水补给 10 m 以上地下水的过程，湖泊水位与 SL05 孔组 30 m 地下水变化趋势基本一致，但 30 m 的地下水水位明显低于湖泊水水位，存在湖泊水一直补给 30 m 地下水的过程。

SL03 孔组地下水水位与湖水水位之间的响应关系较弱，湖泊在 7 月中旬之前水位持续上升，7 月中旬后水位持续下降，SL03 孔组在 8 月中旬之前，水位持续上升，8 月中旬后水位持续下降。

SL02 孔组地下水水位常年低于湖水水位，存在湖水一直补给地下水的过程。

(2) 氢、氧同位素分布特征及补给条件指示

沙湖湖岸带地下水 δD 值介于 -93‰~-59‰，均值 -77.8‰，$\delta^{18}O$ 值介于 -12.4‰~-7.4‰，均值 -10.47‰；δD 和 $\delta^{18}O$ 均值与黄河水 δD（-75‰）、$\delta^{18}O$（-10.5‰）值比较接近。图 5-9 中可见，所有取样点落在 I 和 II 两个区域，I 区除 SL03 孔组外均为 30 m 深的监测孔，位于银川地区雨水线右下方，II 区基本为 5 m、10 m 深的监测孔和沙湖地表水，沿黄河水 δD-$\delta^{18}O$ 关系线分布，且比较 II 区 δD、$\delta^{18}O$ 值，沙湖>5 m 深度地下水>黄河水>10 m 深度地下水；表明沙湖水主要来自黄河水补给，且在补给过程中经历蒸发作用，5~10 m 深度的地下水主要来自黄河水灌溉入渗，5 m 以上深度地下水与湖泊联系更加紧密，δD、$\delta^{18}O$ 值明显偏负，说明有沿贺兰山径流补给。

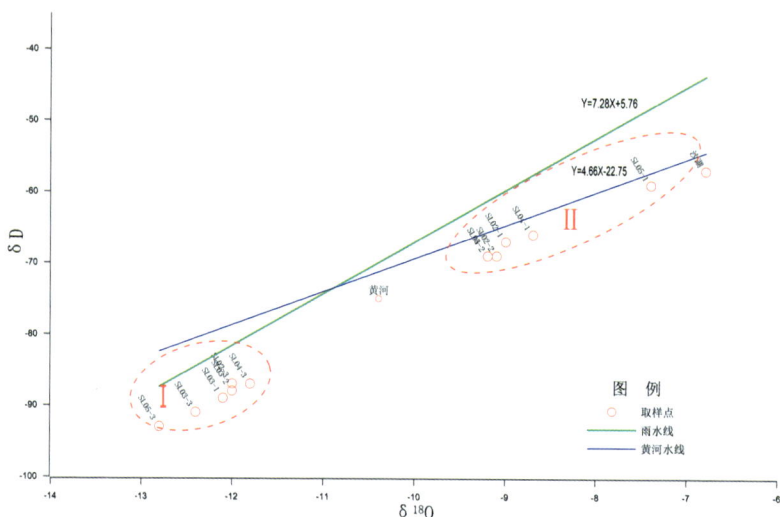

图 5-9 湖水与地下水的 δD-$\delta^{18}O$ 关系

从地下水 $\delta^{18}O$ 值垂向分布曲线可以看出（图 5-10），除 SL03 孔外随着深度增加 $\delta^{18}O$ 值逐渐偏负，当深度大于 5 m 时，地下水 $\delta^{18}O$ 值快速收敛。说明随着深度增加，地下水接受引黄灌溉入渗补给和湖水转化补给的作用逐渐减弱，山区侧向径流补给作用明显。相比距离沙湖西南部最远（4.5 km）的监测孔 SL03 并没有随深度变化 $\delta^{18}O$ 值有显著变化，且比其他各孔 10 m 以上深度的 $\delta^{18}O$ 值明显偏负，说明沙湖地表水及黄河灌溉补给水对西南部 4.5 km 外的地下水影响较弱。

（3）湖岸带地下水剖面二维流场特征

依据各监测孔和湖水动态数据，结合氘、氧同位素及水化学分析结果，绘制沙湖湖岸枯水期和丰水期地下水剖面二维流场（图 5-11、图 5-12），从图中可以得出以下结论。

丰水期，由于 SL04 孔组与 SL05 孔组水位出现下降，低于湖水水位，使得在这两个孔组处形成了一个低水头区，湖水与 SL03 孔组均

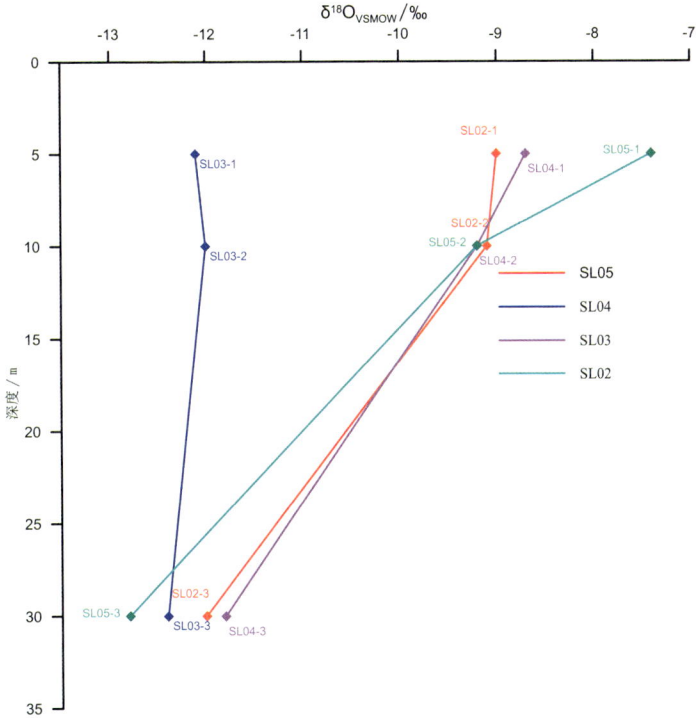

图 5-10　地下水 $\delta^{18}O$ 垂向分布曲线

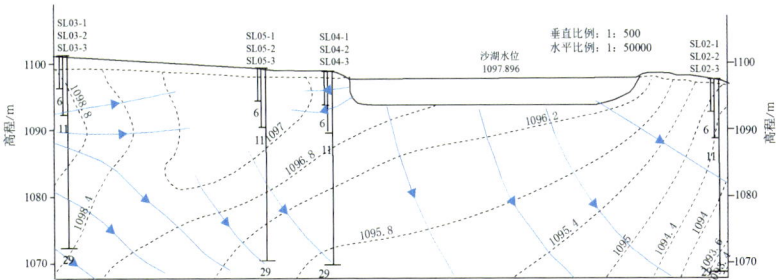

图 5-11　沙湖湖岸带丰水期地下水剖面二维流场

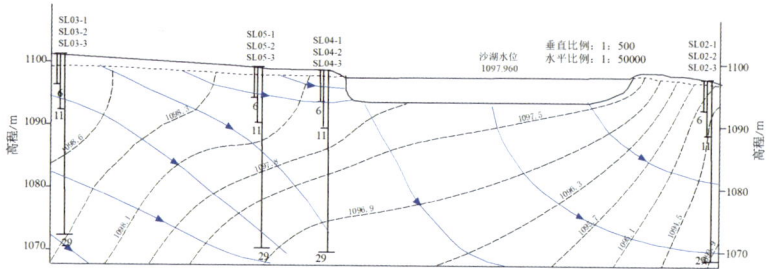

图 5-12 沙湖湖岸带枯水期地下水剖面二维流场

向 SL04 孔组与 SL05 孔组补给，SL02 孔组水位低于湖水水位，始终接受湖水的补给。

枯水期，受区域浅层地下水影响，湖岸带地下水从西南向东北方向流动，在湖岸西南部，SL04 孔组、SL05 孔组位于农田中，由于农田灌溉补给使得地下水水位高于湖水水位，10 m 以上的地下水对沙湖进行补给。距离沙湖最南部的 SL03 孔组虽然水位高于沙湖水位，但不存在补给湖水的过程，而是区域浅层地下水径流流动。位于湖岸带北部的 SL02 孔组始终接受湖水的补给。

通过以上分析可得出如下结论。

沙湖地表水与西南部相距 4.5 km 的 SL03 孔组不存在补给关系，与 SL04 孔组、SL05 孔组 10 m 以上的地下水之间存在相互补给关系，对 SL02 孔组存在单向补给关系。

湖岸带深度 10 m 以上的地下水与湖水、黄河灌溉入渗补给联系更加紧密；湖岸带 30 m 深度及以下的地下水与湖水、黄河灌溉入渗补给的联系较弱。

根据以上对湿地系统地表水（SW）—地下水（GW）之间的补排关系分析，沙湖属于典型的饱和流—贯穿型湿地。

5.2.3　鸣翠湖

鸣翠湖原名道祖湖，为明代长湖之中段，因其苇丛摇绿，鸟啼其间，故易名曰鸣翠湖，位于银川市兴庆区掌政镇境内，距离黄河 3 km (图 5-13)，湖泊湿地面积为 6670 km²，其中湖面面积为 2800 km²，年平均气温为 8~9 ℃，年平均水深为 1.6 m。是我国首批、全国第三家被国家林业局命名的国家湿地公园，也是西部地区黄河流域首家湿地公园，享有"中国最美六大湿地公园之一"的美誉，是"中国生态保护最佳湿地"之一。湖区周边多为农田和鱼塘，水生植物主要以芦苇、香蒲和盐蒿为主。地貌类型为冲湖积平原，沉积物岩性主要为细砂、砂黏土、黏砂土、粉细砂。湖泊的来水主要是农田退水、沟渠补水。湖泊和地下水之间的转化关系复杂。

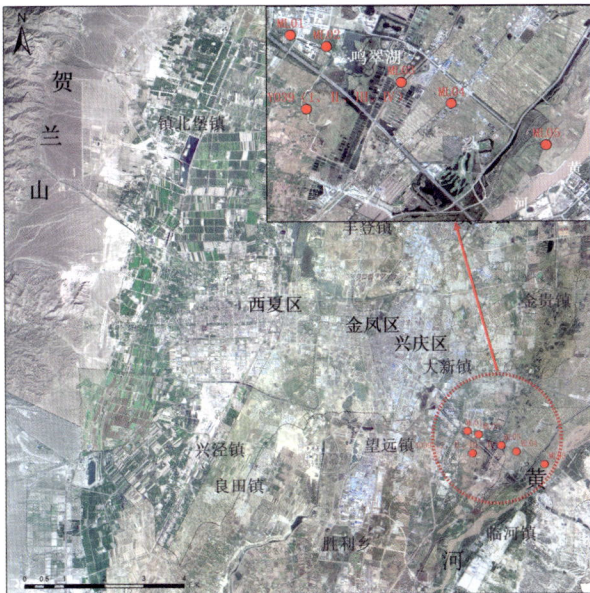

图 5-13　鸣翠湖位置及其周围监测孔分布

（1）湖水及湖岸带监测孔动态分析

水位动态监测工作自 2019 年 5 月 20 日开始，每十天监测一次，对各监测孔及鸣翠湖进行了地下水动态监测。从图 5-14、表 5-3 中可以看出，各监测孔水位动态变化与湖水动态之间存在密切联系。

鸣翠湖自 5 月 20 日开始，在 6 月底之前水位缓慢下降，七月初因黄河水的补入开始缓慢上升，到七月中旬黄河水停止补入，开始缓慢下降。

ML01 孔组位于鸣翠湖西部，从 2019 年 5 月 20 日开始观测，截至 2019 年 11 月 10 日，ML01-1、ML01-2、ML01-3 水位动态变化与湖水水位动态变化一致，之间相关性为 0.87~0.942。在六月底之前，ML01 孔组水位与湖水水位整体有一个缓慢的下降过程，然后开始缓慢上升，到七月中旬开始整体下降，且湖水水位一直高于 ML01 孔组水位，存在湖水补给 ML01 孔组地下水。

ML02 孔组水位动态变化趋势与 ML01 孔组相似，孔组水位与湖水水位动态变化趋势相同，之间的相关系数是 0.78~0.95。存在湖水补给孔组地下水的过程。

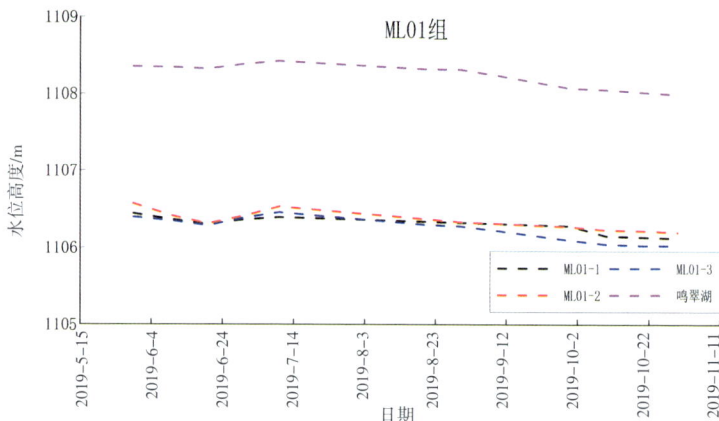

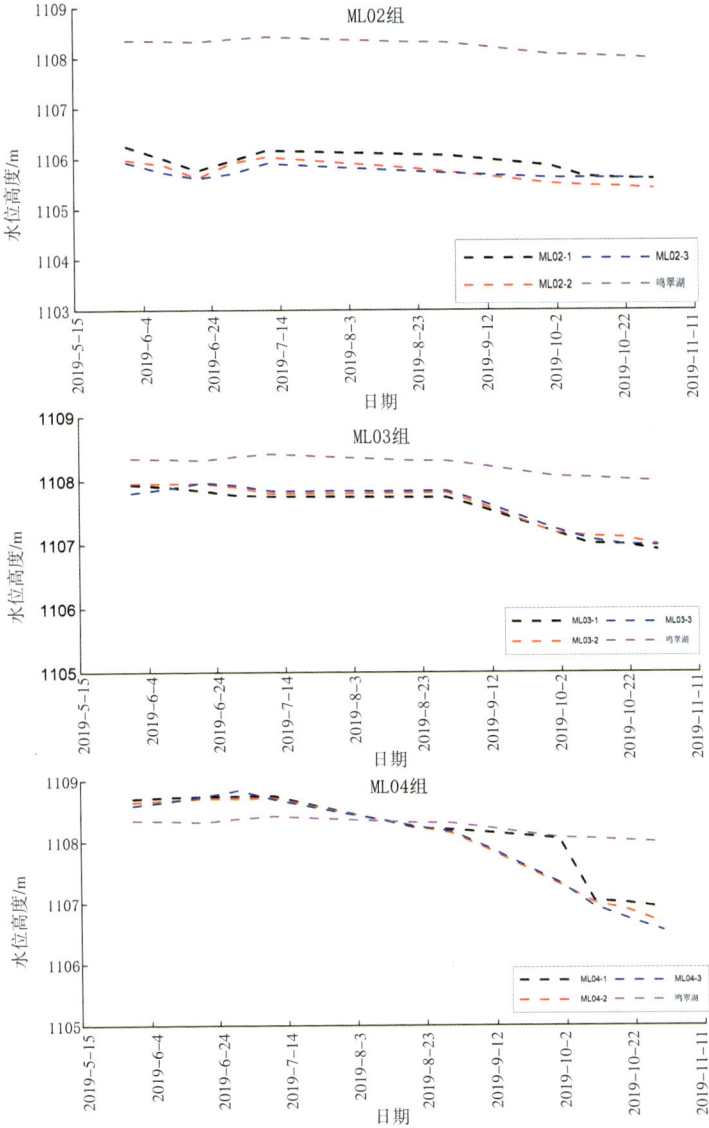

图 5-14　湖水与湖岸带地下水动态关系

表 5-3 各监测孔之间及其与湖水之间相关性

编号	ML01-1	ML01-2	ML01-3	ML02-1	ML02-2	ML02-3	ML03-1	ML03-2	ML03-3	ML04-1	ML04-2	ML04-3	鸣翠湖
ML01-1	1												
ML01-2	0.908	1											
ML01-3	0.93	0.932	1										
ML02-1	0.942	0.896	0.875	1									
ML02-2	0.915	0.962	0.976	0.911	1								
ML02-3	0.81	0.957	0.844	0.894	0.913	1							
ML03-1	0.927	0.819	0.932	0.831	0.87	0.691	1						
ML03-2	0.887	0.789	0.924	0.782	0.855	0.656	0.993	1					
ML03-3	0.892	0.758	0.925	0.795	0.846	0.629	0.981	0.984	1				
ML04-1	0.948	0.804	0.91	0.804	0.836	0.64	0.94	0.916	0.935	1			
ML04-2	0.918	0.846	0.964	0.798	0.898	0.705	0.978	0.978	0.975	0.959	1		
ML04-3	0.919	0.824	0.955	0.792	0.885	0.674	0.975	0.975	0.98	0.967	0.998	1	
鸣翠湖	0.914	0.872	0.986	0.854	0.944	0.778	0.958	0.958	0.967	0.915	0.979	0.975	1

ML03 孔组相比于 ML02 孔组，孔组中的各监测孔之间及其与湖水的动态响应关系更加紧密，之间的相关系数是 0.958~0.993，且湖水水位一直高于孔组水位。

ML04 孔组位于农田，7 月初之前缓慢上升，应该与地上的灌溉有关；然后开始缓慢下降，到 8 月中旬水位降至湖水水位以下。通过相关分析，ML04 孔组动态变化与湖水、ML03 孔组、ML01-3 存在显著动态响应关系，相关系数是 0.91~0.98。

（2）氘、氧同位素分布特征

鸣翠湖周围各监测孔组的地下水 δD 值介于 $-85‰~-54‰$，均值为 $-70.2‰$，$\delta^{18}O$ 值介于 $-11.9‰~-6‰$，均值为 $-9.4‰$，与黄河水 δD（$-75‰$）和 $\delta^{18}O$（$-10.5‰$）值非常接近。

图 5-15 可见，所有地下水样点都落在银川地区雨水线的右下方，且地下水样点基本可分为 I 区、II 区、III 区，其中 I 区和 II 区除 ML01-3 和 ML02-3 属于 30 m 深度的地下水样，其余均为 5 m 和 10 m 深度处地下水样，且 I 区和 II 区基本沿黄河水 δD-$\delta^{18}O$ 关系线分布，表明当地降水和区域内地下水径流不是 I 区和 II 区地下水的主要补给来源，地下水的补给来源主要来自引黄灌溉入渗补给，与 I 区相比，II 区地下水样点的氘氧值明显偏负，说明在入渗过程中 I 区经历了比较强烈的蒸发作用。III 区与 I 区、II 区相比更偏负，位于银川降雨线的右下方，且明显小于银川地区降雨加权平均值，说明 III 区地下水的补给来源主要来自地下水侧向径流补给。

通过比较 I 区、II 区、III 区，说明鸣翠湖与湖岸带 10 m 以上地下水主要来自黄河水补给关系更加紧密，30 m 以下地下水主要来自侧向径流补给。

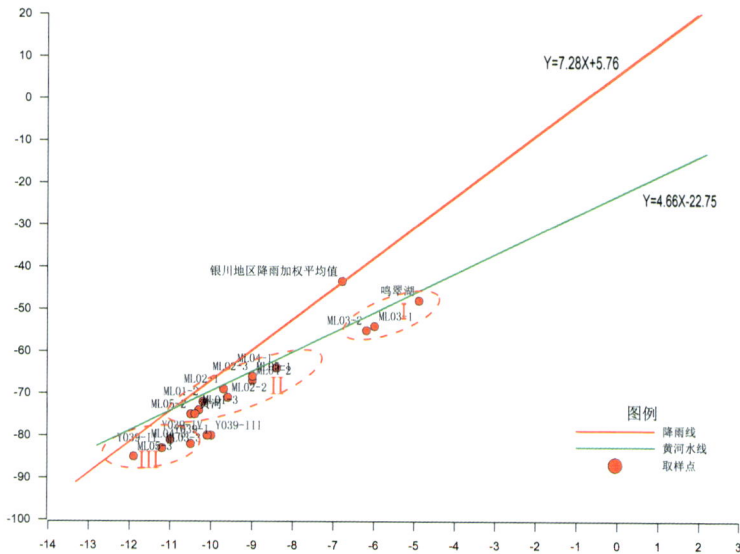

图 5-15　鸣翠湖及周围水体氢氧关系图

（3）湖岸带地下水二维流场特征

根据监测孔和湖水动态数据，结合氢、氧同位素及水化学分析结果，绘制鸣翠湖湖岸带枯水期和丰水期地下水剖面二维流场图（图 5-16、图 5-17），从图中可以看出，枯水期和丰水期流场基本一致，湖岸带地下水并没有按照区域地下水流由西向东流向。在鸣翠湖东侧，湖水水位和 ML01 孔组水位均高于 ML02 孔组水位，在 ML02 孔组形成一个局部流场的低水头区，湖水和 ML01 孔组均向 ML02 孔组补水。在鸣翠湖东侧，ML04-3 水头比湖水水位及其他监测孔组水头高，使得 ML04 孔组 30 m 处地下水存在地下水的顶托补给，同时，此处地下水又存在向东和向西的低水头区流动。

通过以上分析可得出如下结论。

鸣翠湖与湖岸带各监测孔组存在显著的响应关系，由于人为活动

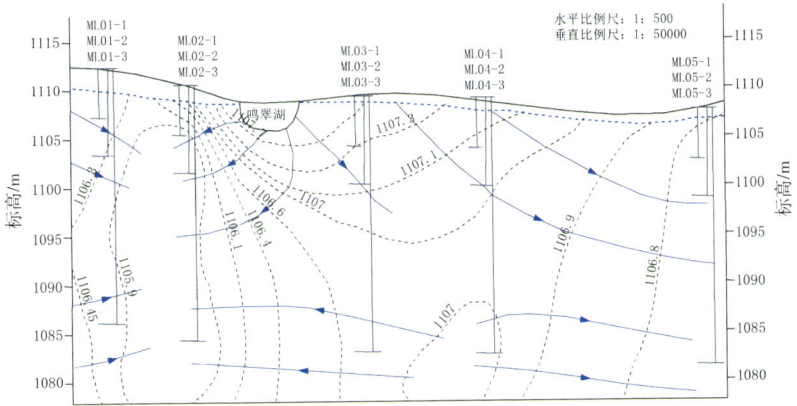

图 5-16 枯水期流场

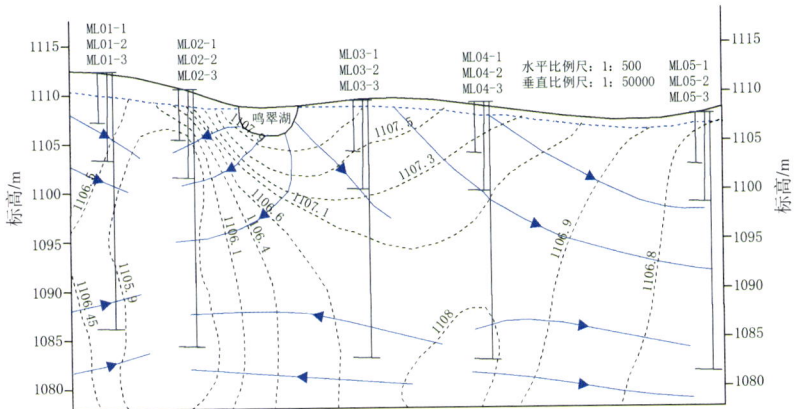

图 5-17 丰水期流场

作用，在鸣翠湖湖岸带西部近岸区形成一个局部地下水流场，控制了近岸区浅层地下水径流特征。人工补水形成的高水头是驱动湖水向近岸区浅层地下水转化的直接动力因素。

近岸区地下水接受湖水的补给，且湖水对近岸区深度小于 10 m 的地下水的补给作用明显，当深度大于 10 m 时，湖水向地下水的转化补给作用减弱，径流补给作用增强。

根据以上对湿地系统地表水（SW）—地下水（GW）之间的补排关系分析，鸣翠湖属于典型的饱和流—补给型湿地。

镇朔湖由于 2019 年基本处于施工状态，人工扰动较大，所取得的数据很难揭示其与周围地下水补排关系，因此，不作详细分析。

5.3　其他地表水体与地下水关系

为进一步查明其他地表水体与周围地下水的关系，在银川平原野外尺度 1# 剖面自西向东分别选择 4 个典型地表水体，通过揭露地下水位，获取地表水与地下水的关系如图 5-18 所示。可以看出，除西部拦洪坝附近，地下水向地表水排泄外，东部典农河、清水湖同阅海湖一样，均为地表水体向地下水排泄，典农河附近由于位于城区，地下水埋深较大，典农河直接排向地下水；东部清水湖附近，地下水埋深相对较小，但仍低于湖底，整体地下水自西向东径流，但局部在清水湖附近，由于受清水湖补给影响，产生一个小的补给水丘。

过去普遍认为银川平原上湖泊、洼地是地下水的排泄点，但本次研究数据显示，平原区湖泊与地下水的补排关系受人类活动影响，比较复杂，大部分湖泊需要靠补水维持，地下水对其补给作用较小。

5.4　本章小结

本章基于黄河、重点湖泊及其他地表水体与地下水循环转化监测小剖面，通过不同深度钻孔的水位、水质、同位素数据，分析了银川平原黄河、湖泊湿地及其他地表水体与地下水的关系。得出以下结论。

黄河东岸，黄河水与地下水的关系随着人类活动影响在不断变

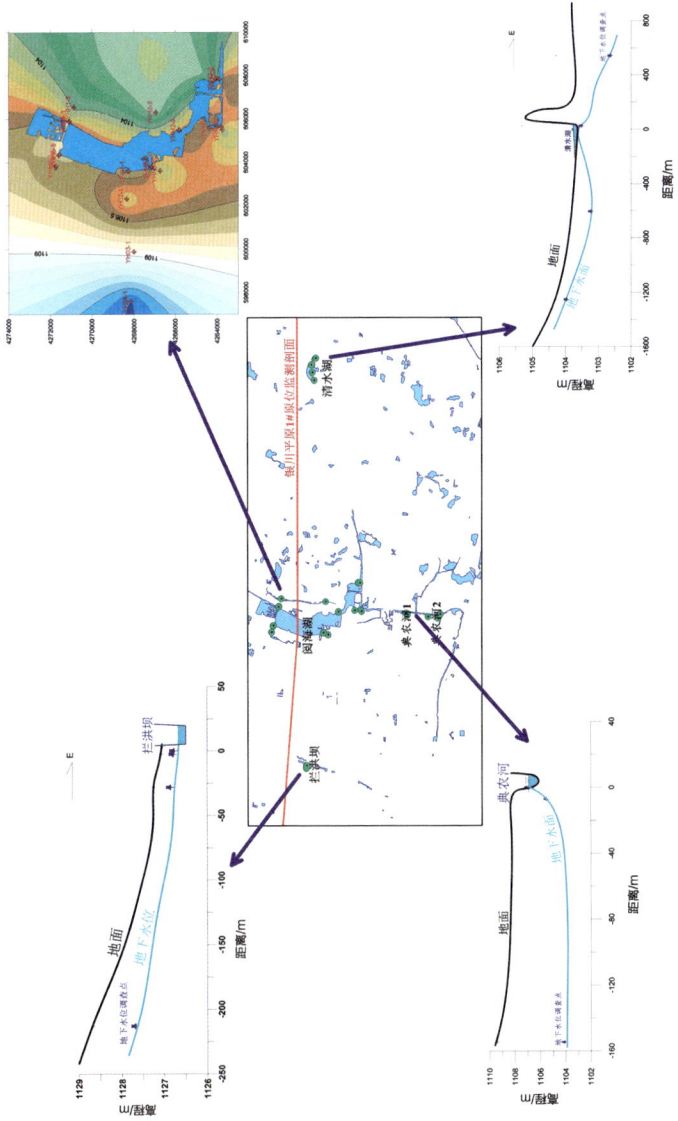

图 5-18　银川平原不同位置地表水与地下水关系

化，枯水期黄河水向地下水排泄，随着灌溉活动及灌溉水量不断增大，周围地下水位抬升，地下水向黄河排泄。阅海湖、沙湖、鸣翠湖近岸带地下水与地表水联系密切，人工补水形成的高水头是驱动湖水向近岸区浅层地下水转化的直接动力因素。

银川平原大部分湖泊受人类活动影响，比较复杂，大部分湖泊需要靠人工补水补给，地下水对其补给作用较小。

第6章 水资源开发与生态环境保护建议

6.1 湖泊湿地生态保护区划分建议

6.1.1 概述

银川市湖泊、湿地数量众多，有近 200 个，面积约 5.31 万公顷，在维护区域生态安全方面发挥着十分重要的作用。过去，银川市的湖泊、湿地在农田灌溉退水、洪水、降水和地下水的共同补给下，能够维持天然的稳定状态和良好的生态功能。中华人民共和国成立以来，受多次大规模农田开发、水利建设和持续的城市化扩张发展以及局部地下水位下降、黄河上游来水量减少和气候变化等诸多因素的影响，多数湖泊湿地得不到充足的水源补给，面积萎缩、湖水变浅乃至干涸，湿地及湖滨生物资源遭到破坏，湖泊湿地生态功能严重退化。据统计，中华人民共和国成立之后，银川市湖泊面积从原来的 5.4 万公顷下降到 1958 年的 2.4 万公顷，到 1988 年仅有 1.6 万公顷。进入 21 世纪以来，为保护湿地和湿地生物多样性，银川市开始实施湿地生态保护和建设。2001 年，银川市人民政府确立了"生态立市"方略，打造"城在湖中，湖在城中"的"塞上湖城"。自 2002 年开始，先后实施了退田（塘）还湖蓄水、疏浚清淤、植被恢复工程以及典农河水系和东南水系连通工程，对宝湖、鸣翠湖、阅海湖、北塔湖、鹤泉湖等二十多个湖泊进行了湖泊恢复与保护建设。

为了加强湖泊湿地保护，必须建立健全长效的保护和管理机制。2002 年 2 月，银川市人民政府制定和施行了《银川市湖泊湿地保护办法》，确定了所有湖泊水域及沿湖陆域 100 m 的区域均为湖泊二级保护区。2008 年 11 月，宁夏回族自治区人民政府制定和施行了《宁夏湿地保护条例》，规定各级政府应采取措施保护湿地水资源，对失去水资源保障的湿地保护区，应当合理补充水源，维护湿地生态功能。2013 年以来，银川市先后出台了《关于加强黄河银川段两岸生态保护的决定》《关于加强鸣翠湖等 31 处湖泊湿地保护的决定》等决定。对黄河银川段两岸湿地保护区域划定了 500 m 区间的红线，对城市水系及其连通湖泊湿地保护区域划定了 100 m 区间红线，对鸣翠湖等 31 处湖泊湿地根据面积大小，分别划定了 50m（面积 10 至 50 公顷）、80m（面积 51 至 100 公顷）、100 m（面积大于 101 公顷）的区间红线，依法保护水生态环境面积 15 万公顷。规定除规划审批的水利、防洪、道路、桥梁、景观、园林绿化、运动休闲等公益项目外，任何单位和个人不得在保护区范围内进行开发建设和经营活动。以上法律法规的制定以及决定的发布为水生态环境和资源保护提供了制度保障，构筑了法律屏障。

考虑到地下水在湖泊湿地生态系统中发挥着重要的支撑和调节作用，湖泊湿地生态保护红线划定时需综合考虑地下水的影响。以阅海湖为例：从阅海湖与地下水的转化关系看，阅海湖与近岸区浅层地下水之间存在密切的联系，由于人工补水作用在阅海湖近岸区形成的局部地下水流场，与区域地下水流场叠加后，在距离湖岸 1.46 km 处会形成一个低水头区，若在这一影响范围内实施取水等开发活动，相当于间接地抽取湖水；同时，若湖水受到污染，还会引起周围地下水环境质量恶化等问题。因此，仅从地表一定范围划定湖泊湿地保护区红线，忽略其与地下水之间的转化关系，不能从根本上保护湖泊湿地。此外，相比中华人民共和国成立之初，自然湿地与人工湿地面积所占比重发生了变化，自然湿地面积退化减少，而人工湖泊面积增加，且湿地景观格局向着围绕城市更加聚集化的方向发展，这些现象说明人类社会活动对于湖泊湿地的形成、发展和消亡过程影响日渐强烈。在这种变化环境条件影响之下，要实现湖泊湿地资源开发与社会经济增长、生态环境保护协调可持续发展，系统地开展湖泊与地下水水动力关系研究，解析湖泊和周围地下水之间的水动力循环转化原理，揭示地下水与湖泊湿地的生态效应关系，科学划定生态保护红线，是从根本上保护湖泊湿地的重要基础。

6.1.2 生态保护红线划分建议

生态保护红线划定的前提是湖泊与地下水之间的交互作用关系，湖泊与地下水之间的交互作用关系不同，则生态保护红线区划定方法也要不同。

根据接触带尺度湿地 SW–GW（Surface Water–Ground Water）不同水力条件下的水位关系和水流特征，Jolly 等将湿地划分为四种类型（图6-1）。①非饱和流—补给型湿地，湿地下垫面与地下水面之间存在不相连的非饱和区间，湿地地表水垂向渗流补给地下水，多见于季节性湿地系统。②饱和流—补给型湿地，湿地下垫面与含水层直接连通且湿地水位高于周边地下水，湿地水体因而成为周边地下水的补给来源。③饱和流—排泄型湿地，与饱和流—补给型湿地水力梯度相反，四周地下水补给湿地。④饱和流—贯穿型湿地，由于地下水流场存在连贯一致性的水力梯度，导致湿地在上游接受地下水的补给，在下游排泄地下水，地下水流"贯穿"整个湿地。

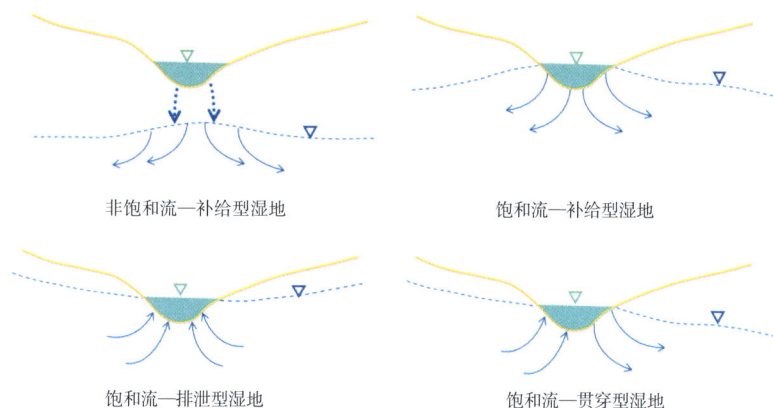

非饱和流—补给型湿地　　　　饱和流—补给型湿地

饱和流—排泄型湿地　　　　饱和流—贯穿型湿地

图 6-1　湿地 SW–GW 作用的四种模式

由于湿地水文过程受气候变化及人类活动等多种因素影响，湿地 SW–GW 作用过程因此具有一定的时空变异性。Rosenbary 等对美国 North Dakota 地区湿地的研究表明该区湿地自然状态下为贯穿型湿地，1989—1992 年的干旱导致湿地持续补给地下水，1993 年大规模集中降水后则转变为排泄型湿地。由此可见，变化环境下的湿地 SW–GW 作用模式可能发生相互转化。

银川平原现查明的湖泊湿地类型主要有饱和流—补给型（以阅海湖、鸣翠湖为代表）、饱和流—贯穿型（以清水湖为代表）两种。沙湖周边地下水与湖水在不同季节呈不同的补排关系，湖水与地下水之间作用关系复杂，湖泊每年都有随时间呈饱和流—贯穿型与饱和流—补给型交替变化的特点。另外，一些季节性湿地或者部分公园尚有一些水域面积很小的湖泊，仅在丰水期有水源补给的时候存在，其余时间均为干涸状态，这类湖泊一般为非饱和流—补给型湖泊。由于这类湖泊湿地水域面积小，深度浅，对周边生态稳定影响不显著，因此，这类湖泊的保护主要以保障湖泊水源和水质为主，红线的划定可以遵照《关于加强鸣翠湖等 31 处湖泊湿地保护的决定》，将湖泊周围 50 m 到 100 m 的范围作为湖泊生态保护红线区。以下探讨银川平原最主要的两种湿地类型（饱和流—补给型湿地、饱和流—贯穿型湿地）的生态保护红线划定方法。

对于以上两种类型湿地的红线的划定，首先应该建立湖泊—地下水水力接触关系原位监测剖面，这既是确定湖泊湿地类型的重要手段，也是为红线划定提供定量数据支撑的直接手段。

湖泊—地下水水力接触关系原位监测剖面的建立方法为：首先分析区域水文地质条件，从区域尺度上的地下水流系统特征判断湖泊与地下水的补排关系；进一步开展湖泊周边水文地质调查，绘制丰水期和枯水期潜水流场图，根据地下水流场形态初步判断湖水与地下水关系；沿地下水流向在湖岸法线方向上布设不同距离、不同深度的地下

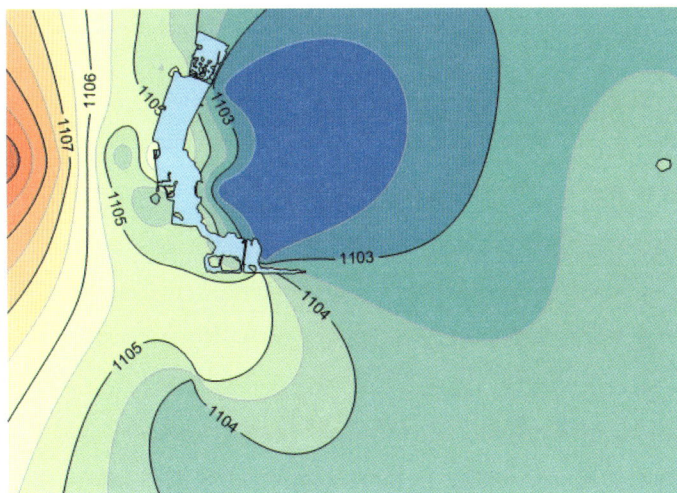

图 6-2　流场叠加形成的低水头区

水监测点，长期观测地下水位动态变化规律，对照同期湖水水位动态变化，判断二者之间的动态响应关系及影响范围，定期取水化学和同位素样分析，进一步验证湖水和地下水之间的转化关系；绘制湖泊—地下水水力接触关系剖面二维流场图，直观展示二者在平面和剖面上的作用范围及水力梯度特征。

以上述资料为基础，对于饱和流—补给型湿地，在湖泊周边由于与区域地下水流场叠加作用，在湖泊近岸区会形成一个低水头区（图 6-2），建议将该低水头区范围作为生态保护区范围。而对于饱和流—贯穿型湿地，建议将湖水水位波动条件下岸边地下水位的响应范围——水位波动影响带作为生态保护区范围。

6.1.3 阅海湖生态保护建议

阅海湖湿地水域广阔，自然风景秀丽，曾经是银川市原始地貌中保持最为完整的一块天然湖泊湿地。伴随着城市建设与社会经济发展，阅海湖经历了原有湖泊湿地资源逐渐被侵蚀破坏和生态环境整治与修复的过程，形成了目前以湖泊和沼泽湿地为主的，集水、苇、鸟、鱼等为一体的水域自然生态体系。阅海湖的生态环境在银川市非常典型，因此，以阅海湖为例，划定湖泊生态保护区范围，对银川市饱和流—补给型湿地生态保护划定具有重要的参考价值，对生态环境改善具有重要的现实指导意义。

根据阅海湖与地下水转化关系，阅海湖与近岸区埋深小于 5 m 的浅层地下水存在密切的动态响应关系，该范围内的地下水接受湖泊的转化补给；由阅海湖周边地下水流场特征和阅海湖—地下水水力接触关系剖面二维流场特征，建议将湖泊周围 1.0~1.5 km 区间划为湖泊生态保护区范围（图 6-3），面积 21.89 km²。由于湖泊面积越小，湖水深度越浅，对周边的地下水的影响越小，所影响的"低水头区"或者

"水位波动影响带"的范围越小。因此对于尚未建立（或者不便建立）湖泊—地下水水力接触关系原位监测剖面的湖泊，可以参照阅海湖生态保护区范围，适当划定。

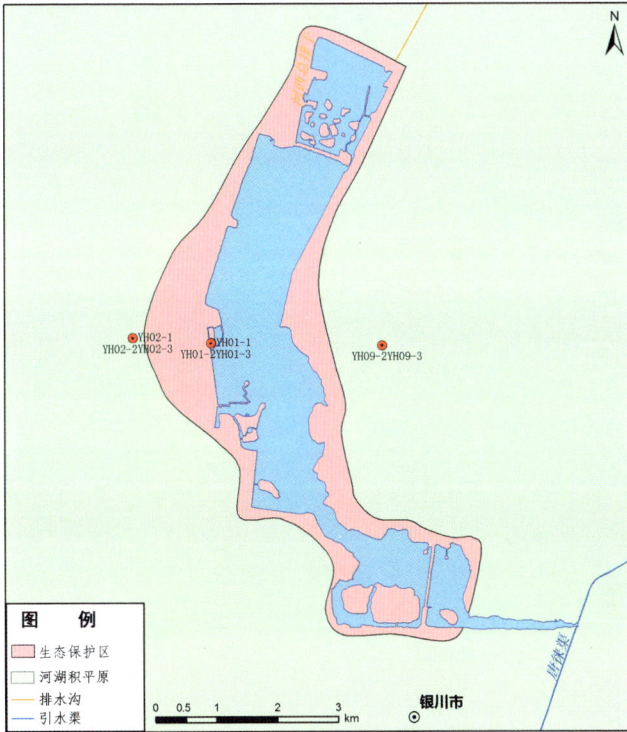

图 6-3　阅海湖生态保护区范围示意图

　　从维系湖泊生态系统稳定的层面来看，地下水对湖泊湿地生态系统的支撑和调节作用是湖泊湿地生态系统在干旱气候条件下能够保持相对稳定的重要原因。因此，除了在空间上划定生态保护区之外，还需要将地下水位维持在一个科学合理的水平，即确保科学合理的水位埋深红线。阅海湖生态保护区范围内的地下水水力梯度为 1.44‰~

1.78‰，在当前区域水文地质条件及人工补水控制作用下可以维持湖泊生态系统稳定。因此，确定 YH01-1 年均地下水位不应低于 1105.80 m，最低不小于 1105.28 m，YH09-2 年均地下水位不应低于 1103.68 m。

对于国家级湿地，阅海湖水质要满足《地表水质量标准》Ⅲ类标准。

6.1.4 湖泊湿地保护建议

第一，对生态保护区范围内的地表水、地下水开发活动和水环境变化实行严格的监控。

第二，保护区范围内绿化用水等建议采用中水供水方案，禁止抽取浅层地下水。

第三，保护区范围内，尤其湖滨带不宜种植耗水量大的作物或者绿化植被，防止生长期间巨大的植被蒸散作用导致湖滨地下水被抽取，从而驱动湖水补给地下水。

第四，长期做好湖泊和地下水的水质、水位、水温等要素的动态监测工作以及湖泊补水量的记录，把监测工作纳入日常管理。

第五，加大科研投入，长期深入开展湖泊水面蒸发试验和生态需水量等关键科学问题研究，为湖泊水量调控和水环境安全提供科学保障，防止水量不足导致水环境恶化或湖泊湿地生物资源遭受破坏，或者由于过度补水导致湖滨土壤次生盐渍化等问题。

第六，对于地处市区以内的饱和流—补给型景观湖泊或者湿地，一般由于周边地面硬化率高，导致地下水的垂向补给途径被切断，同时，受区域地下水位整体下降的影响，想要恢复或者抬升湖泊周边的地下水位的可能性较小。因此维持这类湖泊湿地生态环境稳定一方面要确保一定的人工水源补给量或湖泊基本需水量，另一方面还要维持一个合理的地下水位埋深水平。可以通过增加湖泊周边水田面积或者增加鱼塘面积等途径，从而增加局部补给量的措施，将地下水位维持在一个较高的埋深水平，最终达到缓解湖水向地下水转化补给的作用。

6.2　水资源合理开发及保护

银川平原作为引黄灌区，降水稀少，引黄水是地下水的主要补给来源，是一切赖以生存和发展的基础。所以银川平原地下水的开发，必须以采补平衡为原则，要根据灌溉面积、灌溉方式、引黄水量、降水、地下水开采、地下水变化以及土壤含水率的变化等，及时进行地下水动态和储量评估，合理提供地下水可开采量。同时以地下水水位和水质作为关键指标进行调控，避免集中开采区形成的地下水汇水区（漏斗区）重叠，以及集中开采对地表生态产生影响。

通过对银川平原区域地下水循环研究，结合 2019 年丰枯水期地下水水位调查，对银川平原地下水开发及保护建议如下。

6.2.1　银川平原中部

通过前述研究，银川平原中部地下水循环模式自西向东依次为水平径流为主和水平+垂向径流为主，径流滞缓。

银川平原中部剖面西部临近贺兰山，地下水以水平向东径流为主，地下水水质优良，通过多年观测资料显示，地下水水位埋深较大，表层地表生态植被主要依靠大气降水及人工浇灌，地下水水位对表层生态环境基本没有影响，本地区地下水水质优良，且远离城市建设区域，建议将此区作为城市后备水源。地下水的保护以山前保护为主，禁止堆放生产、生活垃圾等污染源。

在剖面中部，西干渠至京藏高速公路之间，地下水以水平+垂向径流为主，但下部承压水和上部潜水水力联系较弱，深部承压水开采基本不会影响表层生态环境，地下水主要来自山前侧向补给。但目前剖面附近北郊水源地、南郊水源地、贺兰县水源地以及周围散井开采，已造成各个水源地汇水区（漏斗区）发生重叠，会使得开采目的层地下水水位下降速度过快，因此建议对这三个水源地进行调控，避免同步开采。此区域的地下水集中水源（承压水）保护应注重对应山前补给区的水源保护，而非地表保护。

剖面东部，京藏铁路以东至黄河西岸，地下水径流滞缓，且浅层地下水和深层地下水联系密切，地下水的开采势必会对浅层生态环境（湖泊及植被）产生影响，因此，对此区域的开采，建议以蒸发极限埋深或以维持地表生态环境良性循环为约束重新评价允许开采量，且需保证足够的灌溉面积，以保证水源地正常水量。对于此区域地下水水源地的保护，应以防治地面表层污染为主。

6.2.2　银川平原南部

银川平原南部自西向东地下水均以自西向东水平径流为主，地下水径流条件较好，地下水水质优良，补给来源以灌溉回渗补给为主，浅层地下水和深层地下水联系密切，地下水的开采会对表层生态环境产生直接影响。因此，开采量应以生态环境良性循环的极限水位埋深为约束进行评价，地下水水源保护需以地表污染防治为主，同时也需对山前补给区进行污染防治。

6.2.3　银川平原北部

银川平原北部作为整个区域地下水的排泄区，除山前径流条件相对较好外，其他地区均处于径流滞缓状态，深层地下水水质较好，浅层地下水与深层地下水的联系以及地下水开采对表层生态环境的影响仍需进一步研究。

通过本次工作，为保证水源地开采及生态环境良性发展，在研究区域地下水循环剖面的基础上，建议完善水源地监控管理制度，重点查明潜水和承压水之间的水力联系，从而实时调控，合理配置水资源及生产活动。

6.3　本章小结

本章结合湖泊湿地与地下水的关系以及三条区域水循环剖面研究成果，提出了银川平原饱和流—补给型（以阅海湖、鸣翠湖为代表）、饱和流—贯穿型（以清水湖为代表）两种湖泊湿地生态保护区划分方案及不同地区水资源开发建议。

第7章 结 论

　　银川平原的潜水和承压水动力场在 1991—2018 年期间呈现出不同变化趋势，以银川市为例，潜水除开采及施工降水区域外，多数地区潜水水位在 1991—2018 年期间基本能够保持稳定，仅略微下降；承压水除位于西夏区的 I 区持续上升，黄河西侧的 IV 区保持稳定外，其他区域承压水水位基本上都呈下降趋势，而且近年来下降速率有增大趋势。银川平原地下水动力场演化的驱动力主要是人类活动因素，近年来人类活动影响加强导致潜水含水层与承压水含水层水位差持续增大，造成了开采承压水含水层的东郊水源地等地下水水源地受到了潜水含水层的越流补给，水质受到了一定的污染；人类活动影响同时导致了银川平原的地下水在丰水期水位与枯水期水位相比差值有明显减小趋势，地下水动力场又发生了新的变异。地下水动力场的变化在带来银川平原水体面积减小等不良效应的同时，也产生了一些例如减轻盐渍化的有利效应。

　　建立了银川平原中部、北部及南部区域水循环研究剖面，查明了银川平原自南向北区域地下水循环模式，并提出了水源保护及生态良性发展开发建议。银川平原中部自西向东地下水径流由水平径流为主转为水平+垂向径流为主，径流滞缓。西部水平径流为主区域，地下水水质优良，开采潜力较大，可作为城市后备水源地，禁止堆放生产、生活垃圾等污染源。中部以垂向径流为主区域，地下水水质整体较好，局部地区较差，深层地下水补给来源以山前侧向补给为主，浅层地下水对其补给作用较弱。此区域地下水集中水源地的保护需考虑山前补给因素，且注意避免汇水区相交。东部径流滞缓区，浅层地下水和深层地下水联系密切，以往此区域未综合考虑水源地开采对表层生态环境的影响，建议以生态环境良性循环为约束重新评价允许开采量，地下水源的保护需注重对地表生态区范围进行保护。银川平原南部地下水以水平径流为主，水质优良，浅层地下水和深层地下水联系密切，地下水的保护需要注重地表生态保护区及山前补给区的保护；地下水的开采需考虑到对表层生态的影响。此外，还需查明灌溉方式对生态的影响。

银川平原现查明的湖泊湿地类型主要有饱和流—补给型（以阅海湖、鸣翠湖为代表）、饱和流—贯穿型（以清水湖为代表）两种。此外，一些季节性湿地或者部分公园尚有一些水域面积很小的湖泊，仅在丰水期有水源补给的时候存在，其余时间均为干涸状态，这类湖泊一般为非饱和流—补给型湖泊。对于饱和流—补给型湿地，在湖泊周边由于与区域地下水流场叠加作用，在湖泊近岸区会形成一个低水头区，建议将该低水头区范围作为生态保护区范围；对于饱和流—贯穿型湿地，建议将湖水水位波动条件下岸边地下水水位的响应范围——水位波动影响带作为生态保护区范围。对于非饱和流—补给型湖泊，由于湖泊水域面积小，深度浅，对周边生态稳定影响不显著，因此，这类湖泊的保护主要以保障湖泊水源和水质为主，保护区的划定可以遵照《关于加强鸣翠湖等31处湖泊湿地保护的决定》，将湖泊周围50 m

到 100 m 的范围作为湖泊生态保护区。

本次研究建议将阅海湖岸周围 1.0~1.5 km 作为生态保护区范围，面积 21.89 km²。除了在空间上划定生态保护区之外，还需要将地下水位维持在一个科学合理的水平，即确保科学合理的水位埋深红线。阅海生态保护区范围内的地下水水力梯度为 1.44‰~1.78‰，在当前区域水文地质条件及人工补水控制作用下可以维持湖泊生态系统稳定。因此，确定 YH01-1 年均地下水水位不应低于 1105.80 m，最低不小于 1105.28 m，YH09-2 年均地下水水位不应低于 1103.68 m。水质红线方面，对于国家级湿地阅海水质要满足《地表水质量标准》Ⅲ类标准。

对生态保护区范围内的地表水、地下水开发活动和水环境变化实行严格的监控；保护区范围内绿化用水等禁止抽取浅层地下水；保护区范围内，尤其湖滨带不宜种植耗水量大的作物或者绿化植被，防止生长期间巨大的植被蒸散作用导致湖滨地下水被抽取，从而驱动湖水补给地下水。

参考文献

[1] Aggarwal P K,Gat P K,Froehlich K F. Isotopes in the Water Cycle: Past, Present and Future of a Developing Science,xv,Springer[J]. Dordrecht,The Netherlands,2005.

[2] Aldalla OAE(2009)Groundwater recharge. discharge in semiarid regions interpreted from isotope and chloride concentrations in north White Nile Rift, Sudan[J]. Hydrogeol J,17(3):679–692.

[3] Bahar M M, Reza M S. Hydrochemical characteristics and quality assessment of shallow groundwater in a coastal area of Southwest Bangladesh [J]. Environmental Earth Sciences,2010,61(5):1065–1073.

[4] Carucci V,Petitta M,Aravena R. Interaction between shallow and deep aquifers in the Tivoli Plain(Central Italy)enhanced by groundwater extraction: Amulti–isotope approach and geochemical modeling[J].Applied Geochemistry, 2012,27(1):0–280.

[5] Chen J,Huang Q,Lin Y,et al. Hydrogeochemical Characteristics and Quality Assessment of Groundwater in an Irrigated Region,Northwest China. Water, 2019,11(1): 96.

[6] C H. Isotope Variations in Meteoric Water [J]. Science,1961,133:1702–1703.

[7] Fan G Q,Zhang D Z,Zhang J M,et al. Hydrogen and oxygen isotopes and hydrochemical parameters of water samples from the Yinchuan Plain (in Chinese). Arid Zone Research,2018, 35(5):1040–1049.

[8] Freeze R A,Witherspoon P A. Theoretical analysis of regional groundwater

flow: 2. Effect of water –table configuration and subsurface permeability variation[J]. Water Resources Research, 1967, 3(2): 623–634.

[9] Farid I, Zouari K, Rigane A, et al. Origin of the groundwater salinity and geochemical processes in detrital and carbonate aquifers: Case of Chougafiya Basin (central Tunisia). J Hydrol, 2015, 530:508–532.

[10] Gibbs R J. Mechanisms controlling world water chemistry[J]. Science, 1970, 170: 1088–1090.

[11] Ganyaglo S Y, Banoeng–Yakubo B, Osae S, et al. Water quality assessment of groundwater in some rock types in parts of the eastern region of Ghana [J]. Environmental Earth Sciences, 2011, 62(5):1055–1069.

[12] Guo Q, Guo H M. Geochemistry of high arsenic groundwaters in the Yinchuan Basin, P.R. China[J]. Procedia Earth Planet. Sci, 2013, 7:321–324.

[13] Huang Y F, Zhou Z Y, Yuan X Y, et al. Spatial variability of soil organic matter content in an arid desert area. Acta Ecologica Sinica, 2002, 22(12): 2041–2047.

[14] Katsanou K, Lambrakis N, D'ALESSSANDRO W, et al. Chemical Parameters as Natural Tracers in Hydrogeology: a Case Study of Louros Karst System, Greece[J]. Hydrogeolgy Journal, 2017(25):487–499.

[15] May R, Mazlan N S B. Numerical simulation of the effect of heavy groundwater abstraction on groundwater–surface water interaction in Langat Basin, Selangor, Malaysia[J]. Environmental Earth Sciences, 2014, 71(3): 123–124.

[16] Massoth G J, Baker E T, Lupton J E, et al. Temporal and spatial variability of hydrothermal manganese and iron at cleft segment, Juan de Fuca Ridge. Journal of Geophysical Research, 1994, 99(B3):4905–4923.

[17] Gammons C H, Poulson S R, Pellicori D A, et al. The hydrogen and oxygen isotopic composition of precipitation, evaporated mine water, and river water

in Montana, USA. Journal of Hydrology, 2006, 328(1):319–330.

[18] Grasby S E, Ferguson G, Brady A, et al. Deep groundwater circulation and associated methane leakage in the northern Canadian Rocky Mountains[J]. Applied Geochemistry, 2016, 68:10–18.

[19] Vander W J M, Kemp C A J, APPEL K. Inverse Chemical Modeling and Radiocarbon Dating of Paleo groundwater: the Tertiary Ledo –Paniselian Aquifer in Flanders [J]. Water Resources Research, 2000, 36(5):1277–1287.

[20] Wang W K, Wang Z, Hour Z, etal. Modes hydrodynamic processes and ecological impacts exerted by river–groundwater transformation in Junggar Basin, China[J]. Hydrogeology journal, 2018, 26(5):1547–1557.

[21] Yang Q, Xiao H, Zhao L, et al. Hydrological and isotopic characterization of river water, groundwater, and groundwater recharge in the Heihe River basin, northwestern China. Hydrological Processes, 2011, 25(8):1271–1283.

[22] 陈宗宇, 刘君, 杨湘奎, 等. 松嫩平原地下水流动模式的环境同位素标记[J]. 地学前缘, 2010, 17(6):94–101.

[23] 陈宗宇, 齐继祥, 张兆吉. 北方典型盆地同位素水文地质学方法应用[M]. 北京:科学出版社, 2010.

[24] 崔亚莉, 邵景力, 李慈君. 玛纳斯河流域地表水、地下水转化关系研究[J]. 水文地质工程地质, 2001, 2:9–13.

[25] 丁继双, 赵瑞君, 杨相奎. 哈尔滨市地下水中 Fe^{2+} 和 Mn^{2+} 分布规律及成因探讨[J]. 水利科技与经济, 2011, 17(1):6–8.

[26] 韩双宝. 银川平原高砷地下水时空分布特征与形成机理[D]. 中国地质大学(北京), 2013.

[27] 郭华明, 郭琦, 贾永峰, 等. 中国不同区域高砷地下水化学特征及形成过程[J]. 地球科学与环境学报, 2013, 35(3):83–96.

[28] 郭华明, 倪萍, 贾永锋, 等. 内蒙古河套盆地地表水—浅层地下水化学特征及成因[J]. 现代地质, 2015, 2:229–237.

[29] 侯光才.鄂尔多斯白垩系盆地地下水系统及其水循环模式研究[D].吉林大学,2008.

[30] 靳书贺,姜纪沂,迟宝明,等.基于环境同位素与水化学的霍城县平原区地下水循环模式[J].水文地质工程地质,2016,43(04):43-51.

[31] 黄天明,聂中青,袁利娟.西部降水氢氧稳定同位素温度及地理效应[J].干旱区资源与环境,2008,22(8):76-81.

[32] 顾慰祖.同位素水文学[M].北京:科学出版社,2011.

[33] 李培月.人类活动影响下地下水环境研究——以宁夏卫宁平原为例[D].长安大学,2014.

[34] 李志红,胡伏生,周文生,等.银川地区承压水水化学特征及控制因素[J].水文地质工程地质,2017,44(2):31-39.

[35] 雷明,柳永胜,马勤威,等.基于同位素技术的金衢盆地水循环研究[J].人民黄河,2020,42-47.

[36] 刘进,许光泉.淮北平原浅层地下水中铁和锰的空间差异性及影响因素[J].煤田地质与勘探,2010,38(2):46-49.

[37] 罗艳丽,李晶,蒋平安,等.新疆奎屯原生高砷地下水的分布、类型及成因分析[J].环境科学学报,2017,37(8):2897-2903.

[38] 聂振龙,陈宗宇,程旭学等.黑河干流浅层地下水与地表水相互转化的水化学特征[J].吉林大学学报,2005,35(1):48-53.

[39] 尚海敏.陇东白垩系盆地地下水循环机理研究[D].长安大学,2014.

[40] 石建省,李国敏,梁杏,等.华北平原地下水演变机制与调控[J].地球学报,2014(5):527-534.

[41] 苏小四,林学钰,廖资生,等.黄河水 $\delta^{18}O$、δD 和 $3H$ 的沿程变化特征及其影响因素研究[J].地球化学,2003(4):349-357.

[42] 谭见安,王五一,雒昆利,等.地球环境与健康[M].北京:化学工业出版社,2004.

[43] 王晓曦,王文科,王周锋,等.滦河下游河水及沿岸地下水水化学特征及

其形成作用[J].水文地质工程地质,2014,41(01):25-33.

[44] 王晓波,李树学,王雅芹.高含铁水的危害及简易识别法[J].黑龙江环境通报,2001,25(1):49-50.

[45] 王宇航.格尔木河流域地下水化学演化规律和水循环模式[D].长安大学,2014.

[46] 王随继.黄河银川平原段河床沉积速率变化特征[J].沉积学报,2012,30(3):565-571.

[47] 薛禹群.地下水数值模拟[M].北京:科学出版社,2007.

[48] 薛忠歧,余秋生,于艳青,等.银川平原地下水同位素特征分析[J].合肥工业大学学报,2006,29(5):591-596.

[49] 杨广,陈伏龙,何新林,等.玛纳斯河流域平原区垂向交错带地下水的演变规律及驱动力的分析[J].石河子大学学报,2011,29(2):248-252.

[50] 叶人源.新疆伊犁—巩乃斯河谷地表水与地下水转化关系研究[D].长安大学,2015.

[51] 周宇渤,肖长来,徐梦瑶.松花江中游段地表水与地下水转化量研究[J].人民黄河,2011,33(4):43-45.

[52] 曾韶华.长江中下游地区地下水中铁锰元素的形成及分布规律[J].长江流域资源与环境,1994,3(4):326-329.

[53] 朱建佳,陈辉,巩国丽.柴达木盆地东部降水氢氧同位素特征与水汽来源[J].环境科学,2015(8):2784-2790.